U0910675

情感冷暴力

刘思彤 著

天津出版传媒集团
天津人民出版社

图书在版编目（CIP）数据

情感冷暴力 / 刘思彤著 . -- 天津 : 天津人民出版社，2021.3

ISBN 978-7-201-17167-8

Ⅰ . ①情…　Ⅱ . ①刘…　Ⅲ . ①情感－通俗读物　Ⅳ . ① B842.6-49

中国版本图书馆 CIP 数据核字（2020）第 272194 号

情感冷暴力

QING GAN LENG BAO LI

刘思彤　著

出　　版　天津人民出版社
出 版 人　刘　庆
地　　址　天津市和平区西康路 35 号康岳大厦
邮政编码　300051
邮购电话　（022）23332469
电子信箱　reader@tjrmcbs.com

责任编辑　郭晓雪
装帧设计　艺琳设计
责任校对　余艳艳

制版印刷　三河市兴达印务有限公司
经　　销　新华书店
开　　本　880 毫米 ×1230 毫米　1/32
印　　张　9.25
字　　数　174 千字
版次印次　2021 年 3 月第 1 版　2021 年 5 月第 1 次印刷
定　　价　56.00 元

序言

作为心理工作者，我经常感到一些精深的心理学理论对日常生活有着很大的指导意义，它们不该仅仅被一些小圈子所熟知。所以我一直希望能为没有心理学基础的朋友写一点儿通俗易懂的读物，减少心理学概念或词汇的堆积，尽量用日常生活中的例子和大白话把一些概念讲清楚。

之所以选择情感冷暴力为切入点，是因为这种现象在生活中很常见，人们深受其苦，却又极容易轻视它。虽然在工作中，我也会接触到个别极端的例子，比如反社会人格者通过冷暴力对人进行精神摧残。但我接触的绝大部分冷暴力，都是渗入家长里短、鸡毛蒜皮里的指责和贬低，就发生在普通人的日常生活中。纠缠在冷暴力关系里的也并不都是严重心理障碍者。本书更多为这些人而写，而非极端情况。如果你正处于一段威胁到自身生命安全的暴力关系中，请你立刻寻求专业人士的帮助，比如警察或心理医生。

本书介绍的理论，没有我个人的创见，大部分来自精神分析体系，还有一部分来自中医学，我只是用临床与生活经验讲述了它们。介绍的时候偏重实用性和生活化，尽量回避了艰涩的术语。如果读了本书之后，读者对精神分析或中医产生兴趣，可以寻找专业书籍来深入学习。在这里要感谢所有给过我启发的老师、同行、朋友和来访者们，写书的过程中我一次又一次在心里和你们重逢。

书中所有案例都基于真实故事，但都进行了编辑加工——无论是起了化名的还是一些以“我”开头的片段。书中人物，除明确性别的案例区别使用“他”或“她”，为行文方便，其他全部统一使用“他”，但并不意味着仅指男性，也包括女性。

在本书完成的过程中，我的父母、公婆、爱人和女儿都给了我很大的支持。在此，我要特别感谢他们。我的家庭中也会有冷暴力，但在每个成员的共同努力下，家已经更加和谐而温暖。所以书中所有的理论都经过了我的实践和体认，或者经过了我的亲人、朋友、来访者的实践和体认，因此所分享的内容是质朴而真诚的。如果没有体认过程，理论就只能是知识，对我们的心灵成长来说，并无太多意义。

最后，要特别感谢夕琳老师在本书写作过程中给予的所有帮助。鉴于笔者水平有限、撰写仓促，难免谬误疏漏，还望读者批评指正。联系邮箱：3454153941@qq.com。

刘思彤

2020年6月27日于北京

目录

第一章

识别冷暴力：

不见血痕却伤人于无形

01 莫名的挫败感与痛苦？你可能遭遇了冷暴力

什么是情感冷暴力

什么是情感冷暴力呢？

首先我们先弄清楚什么是情感，虽然这个词我们习以为常。我们会说一个善于体察和理解别人的人情感细腻而丰富，也会说我对生我养我的家乡、山水有着深厚的情感。情感就是人对世界的一种反应形式，是人对于外部世界是否符合人的内在需要而产生的体验，如喜欢、讨厌、羞愧、恐惧……

情感内容会唤醒生理机制，通过表情、行为等表达出来。比如羞愧时我们可能会红着脸低下头，兴奋时我们手舞足蹈。

情感的核心是主观体验。是你，而不是别人；也只有你，而不是别人，能拥有和体验你的情感。主观体验是非常抽象且难以准确定义的。比如“深爱”一个人的情感，这个“深爱”到底是一个什么体验呢？

诗人这样写道：“上邪！ 我欲与君相知，长命无绝衰！山无

棱，江水为竭，冬雷震震，夏雨雪，天地合，乃敢与君绝。”诗人通过丰富的想象力把很难说清的那种强烈的爱的主观感受用自然现象呈现了出来，让其他人可以体会到其情感的强烈程度。

再比如我很想念一位朋友，期待和他见面，很多话想说，于是我写道：“你烧过水吗？水快开了的时候，就咕嘟咕嘟的，把壶盖顶得直响，好多语言的小鱼，企图蹦出思想的池塘……”那种急切交流的渴望，朋友一下就感知到了。如果我不去尝试将这种感觉语言化并表达出来，只属于我内心的那种想念和期待，他人是很难了解和体会的。

假如外部的刺激和我内心的需要是一致的，产生的情感就是比较积极正向的。比如我想考取好成绩，结果放榜时我是第一名，我欣喜若狂。假如外部的刺激和我内心的需要不一致，产生的情感就是比较消极负向的。比如我被老板骂了一通希望回家得到爱人的安慰，结果反而被爱人嘲讽太脆弱，我会觉得又愤怒又难过。

这种外部世界是否符合内在需要的关联是非常主观的。比如我工作上刚升职加薪，觉得自己付出有回报，工作能力被认可，心里本来美滋滋，结果在同学聚会上，得知同学的薪资是我的几倍，顿时感觉酸溜溜的。这个时候我内在需要已经从“能力得到认可”，变成“混得不能比同学差”，于是我的情感也跟着发生了变化。

再比如妈妈喂给弟弟一块苹果，没有喂姐姐，姐姐立刻又生气又委屈。姐姐的感受与那块苹果的大小和实际价值并没有关系，重要的是她把这块苹果看作妈妈更爱弟弟而不爱我的象征。如果妈妈按照苹果的价值去回应姐姐说："一块儿苹果至于吗，冰箱里不是还有吗？自己吃去！"姐姐的情感就被忽视了，她只会更加觉得妈妈是不在乎自己的。

情感是人对世界的一种反应形式，是人对于外部世界是否符合内在需要而产生的主观性体验。有时候我们也用"情绪"来表达相似的含义，只是"情感"相对来说有一定的持久性和稳定性，而"情绪"更具有情境性和短暂性的特点。大多数时候，二者表达的是相近的内涵，很难清晰区分。

中医情志学说则认为情绪情感不是独立存在的，人的生理活动和心理活动是一体两面的，情绪情感与人身体的健康状态密切相关，它既是心理活动，也是生理活动。中医把人的情绪情感分为喜、怒、忧、思、悲、恐、惊七情，或喜、怒、忧、思、恐五志，统称为情志，认为"人有五脏化五气，以生喜怒悲忧恐"，即脏腑为情志活动提供物质基础，情志则是脏腑功能的表达方式之一："精气并于心则喜，并于肺则悲，并于肝则忧，并于脾则畏，并于肾则恐。"

情志的变化反过来也会进一步引发身体内部的气机变化："怒则气上、喜则气缓、悲则气消、恐则气下、惊则气乱、思则

气结。”如果情志过度就会损害身体正常功能，引发疾病，即我们常说的：“怒伤肝、喜伤心、思伤脾、忧伤肺、恐伤肾。”

所以，情感是人在受到外界刺激后，身体在心神的作用下，脏腑所呈现的功能表达。这里又有常态和病态的区别。比如亲人亡故我们所流露的悲伤，可以看作肺脏所主的情志的表达，这种普遍存在的情感反应属于常态，但是过度悲伤乃至于完全无法自控，或者像林黛玉那样常年处于抑郁状态，这种有别于常人的情绪反应就属于病态。通常，病态的情绪反应与不健康的脏腑状态有密切联系。林黛玉爱哭，一部分源于体弱肺气不足，忧思的情绪进一步加重肺部的生理问题，导致肺脏功能的失常，最后死于肺痨。

了解中医如何看待身体与情志的关系，对我们理解情感冷暴力带来的身体伤害很有帮助。在第三章我们还会详细谈到。

情感在人类精神生活中处于核心位置。

就在你阅读这几行文字的短短时间里，可能有人正手捧鲜花站在女神的楼下表达爱慕；有人正结束表演自信满满地站在舞台上接受掌声；一对夫妻正在大声吵架，摔碎了一只精致的旅游纪念品水晶马；有人正在暗淡的灯下独自喝着闷酒……究竟是什么因素在我们做出某种行为或付诸某种行动的过程中起了关键作用？是我们接收到的各种信息？是我们理性的思考？还是冥冥中有双无形的手在掌控着我们的情感？

生活经验告诉我们，是因为爱慕、迷恋才让男孩鼓起勇气在众人的注视下告白；是因为想品味成功的喜悦和骄傲才让我们甘受“台下十年功”的苦；吵架或许来自某些失望加一些气恼，最终因为不断被误解或指责而恼羞成怒；深夜独酌或许是在排解孤独、苦闷或挫败感；而绝望、无助、沉郁则会把一个人逼入生死绝境……

爱慕、迷恋、喜悦、骄傲、失望、气恼、苦闷、挫败、绝望、沉郁……所有这些词都指向我们内心的情绪情感。我们的体验告诉我们：所有行为背后都有着某种情绪情感在推动。

心理学研究也证明了这一点，是情感的内容与强度在推动一个人做出决定、付诸行动，任何决定、行为和想法都有着情感上的动机和意义。

有一天，子涵爸爸正在家招待几位很久不见的朋友，抽烟、喝酒聊得不亦乐乎。快到女儿放学的时间了，朋友们都说好久没看见子涵，转眼都上六年级了，不知道长多高了。正说着门开了，子涵不高兴地走进来。看见家里有客人，脸色变得很不好看，招呼都不打，摔摔打打地换了鞋。爸爸看到子涵这个样子很尴尬，朋友们都停止了说笑，看着父女俩。爸爸问子涵怎么了，子涵噘着嘴看着爸爸，马上要哭出来似的，挣脱爸爸的手，跑回了自己屋，“砰”地一下把门关上了。爸爸很没面子，回身看

着朋友："这孩子，不知道怎么了，都是她妈太宠着了，公主脾气。"朋友们连忙说："都这样都这样，女孩子嘛，都有点儿小脾气，这不知道在学校受了什么委屈了，你快看看去吧。"爸爸说："那不行，不能惯她这毛病，不管不顾的，越大越不像话了。"子涵在自己屋里听到爸爸的责骂，哇的一声哭出来。爸爸听了更生气了："这孩子还来劲啦！是不是找揍啊！"朋友们忙拦着，爸爸感觉更是颜面扫地。

这时候子涵妈妈回来了，进门就听见子涵在里屋哭，屋里都是烟味、酒味。子涵妈妈跟朋友随意打了个招呼，就跟爸爸说："涵涵怎么了，你怎么也不管她啊？""她回来莫名其妙就发脾气，跟我有什么关系。""那你过去问问啊，就让她这么哭。""你还赖上我了，还不都是你惯的，太娇气、太任性，不分场合就这么闹。"俩人你一句我一句，眼看就要吵起来了。朋友们都觉得很尴尬，一边劝一边告辞："得了得了，孩子肯定是在学校遇见什么事了，你们赶紧问问吧，先都别着急，时候也不早了，我们也该走了，咱们改天聚。"

等朋友们都走了，子涵妈妈敲开子涵的门才弄清楚，是子涵上课画画，被老师叫起来罚站。同桌就悄悄把她画的画给其他同学传着看，说她画的男生就是班里的一个男孩，放学后班里几个男生就拿她和班里那个男孩开玩笑。子涵使劲儿解释说不是，但他们就是不听，子涵又羞又气，一路憋着气回到家，点火就着了。

妈妈听完说："你上课不画画不就没这些事了……"妈妈的回应让子涵刚平复一些的情绪又被挑起来了。爸爸正在因为自己在朋友面前丢了面子生气，听到子涵跟妈妈又吵了起来，也加入进来："你会不会好好说话，看给你惯的，甭管遇见什么事，家里有客人呢，能那么乱发脾气吗？"

"你待会儿再抱怨行不行啊。"子涵妈妈没有能成功安抚子涵，心里正气恼，子涵爸爸的插入正好可以成为攻击的靶子。

"我这怎么叫抱怨，孩子就得管，不能由着她的性儿。"

"行行行，你来管。"

这个日常的小片段里，一家三口发生了激烈碰撞，每个人的情感都有各自的内容和强度，决定了他们那时那刻的语言和行动。子涵爸爸在朋友面前，更看重的是自己的面子，所以他的行为语言都以维护自己的面子为出发点：责备子涵、想揍她、在妻子面前辩解说自己没有错、指责妻子要负担责任等。子涵妈妈更关心的是掌控局面、不要让孩子哭，所以她的做法都以尽快提出指导意见为主：责备子涵爸爸跟朋友说话忽略孩子、尽快敲开门了解孩子发生了什么、迅速给孩子指导意见等。而子涵则在愤怒和羞耻中急需理解和安抚，所有与她这个需要不同频的回应都让她感到更加受挫、无力和愤怒。

总之，情感在人类精神生活中处于核心位置，我们的行为大

都由情感所推动。对他人施加冷暴力的行为背后同样是情感内容在推动。

我们再看“冷暴力”。在暴力面前特别限定一个“冷”字，是为了与肢体暴力区分。肢体暴力，即以暴力动作侵犯受害者身体的行为，重点在身体伤害，是显见的，如捆绑、禁闭、拳打脚踢等。而“冷暴力”则是精神暴力，即对受害者进行精神上的折磨，是一种隐性的攻击，以贬损、冷淡、漠视、歪曲、敷衍等为主要特征的精神虐待方式。

虽然身体不见伤痕，冷暴力却能伤人于无形。很多痛苦情绪与身体症状，其实都和冷暴力有关，只是它不像肢体暴力那样显而易见。很多时候，甚至连身处其中的受害者也并不清楚自己遭受了什么，即便他体验到的痛苦是真实的。

“情感冷暴力”要讨论的就是：人主观体验到的精神伤害。

由于是主观体验，因此个体差异性会非常大，甲觉得自己遭受了冷暴力的某种言行，放到乙身上，乙可能会觉得属于人际间正常的互动，没什么问题；丙体验为一种激励或挑战的言行，在丁的世界里可能就被体验为强迫和虐待。

这给我们的讨论和判断都带来一定难度。我们无法像评估肢体暴力一样，根据《人体轻伤鉴定标准》《人体重伤鉴定标准》和暴力持续时间长度来划分出清晰的暴力等级。精神的创伤相对来说更难测评，尤其在受害者尚未出现明显症状的时候。很多正在承受冷暴力的人看起来非常“正常”，如果我们等这个人出现了严重精神疾病甚至自杀自残行为了，我们才判断他受到了精神虐待，可能为时已晚。

对于很多人来说，如果没有经过一定的学习和个人成长，甚至自己都没有意识到自己曾经或正在承受情感冷暴力的伤害，更别提尝试改善了。这种情况很像某些急性发作的躯体疾病，如心肌梗死，有研究显示在中国有半数患者在心肌梗死发作时并不知道自己是心肌梗死，结果耽误了宝贵的抢救时间。学会识别是远离冷暴力的重要一步。

你有过这些感受吗?

自从换了这个领导，我总是生病，喉咙里好像老是堵着什么，心情总是闷闷的，每天一想到上班就头疼。我以为是我一个人的感觉，跟同事交流才知道，大家最近也常会莫名其妙发脾气，或者提不起工作兴致……

孩子上了高中以后，我发现他夜里不磨牙了，笑容也多起来了，他说终于摆脱了魔鬼班主任！孩子有了变化，我和老公也很少因为孩子的事争吵了，感情好多了，我也结束了已经持续两年的心理治疗……

自从和她一个宿舍，我慢慢发现我身边除了她就没有别的朋友了。她总是告诉我谁谁谁又在背后说我坏话了，或者告诉我大

家都说我不会跟人聊天，觉得我太闷，让我觉得她愿意跟我做朋友是我的幸运，我感觉自己完全被她控制了，那真是一段黑暗的日子……

我觉得他的身世很可怜，我试图去拯救他，我希望他不要总是贬低我，希望他可以好好对我，我相信他可以改变，我能看到他心底的脆弱，我觉得他全身是刺只因为内心柔弱，我觉得这世上只有我一个人了解他。在这段关系里，我心情总是起起落落，变得喜怒无常，直到有一天我猛然发现已经为他蹉跎了十年青春，而我竟然从未体验过被爱的感觉……

跟她在一起，我总会感到自己特别差劲儿，我试图从其他朋友那里去确认自己其实没那么糟糕，但甚至自卑到不敢开口，她对我说的很多话就像刀子一样刻在我心上，我觉得一切都因为我不好……

最近工作很累，回到家跟爱人提了一句老板压榨自己，爱人立刻说早让你辞职了，你非干这个破工作，我觉得不但没有感受到被支持、被理解，反而觉得更累了，以后回家什么都不想说了……

很多人有以上类似的体验时，可能会很不舒服，会想到自己运气不好、想到换工作、离开某个人、治疗身体疾病或不断检讨责备自己，怀疑是否是自己不够好、太脆弱、不太会人际相处等。当我们尝试从情感冷暴力的视角去看时，那些痛苦、低落、压抑、各种情绪起伏及很多的身体症状，并非因为“我不好”或“我有病”，而很有可能是你正在遭受情感冷暴力的攻击而不自知。你竭力想摆脱的一段关系可能正是因为情感冷暴力的原因——单方或双方的——才导致其成为耗竭彼此而非滋养彼此的关系。

在有些关系中，似乎可以清晰地分出强弱，或者清晰地分辨出谁在关系中更主动、更具操控性，谁更被动、更顺从，谁是冷暴力的施虐者，谁是受虐者。但也有些时候，区分会变得非常困难。比如一对夫妻来做家庭治疗，往往他们都声称自己才是关系中的受害者，是对方给自己施加了冷暴力，自己才是那个受虐者。

冷暴力中的施虐者和受虐者

简单地将情感冷暴力的关系分为施虐者和受虐者两个部分显然会更容易去讨论，将施虐者和受虐者的特征分别描述出来，也便于读者按图索骥。

包括把一些在关系中经常使用冷暴力的人群归类，或根据边缘型人格、自恋型人格等人格类型给出相应判断依据，符合其中的多条就可以判断他们属于这样类型的人，然后远离他们，这样就能成功避免卷入一段充满冷暴力或负能量的关系中。

虽然这样看起来很有效率，但实际在现实生活中，指导意义

并不大。因为现实生活中没有人会在脑门上贴着一个标签，标明自己的分类所属。

人是复杂的，两个复杂的人互动出更复杂的关系，甲在乙面前是一个样子，换个情境，在丙面前可能完全是另一个面目。如果只是简单把人分成几类，或标志为冷暴力施虐者或受虐者，都忽略了真实世界的复杂性。

这就好比一个西红柿里有一万多种成分，我们还没有完全搞清楚它们到底都是什么或有什么作用，但出于某种自大或其他需要，于是我们就说西红柿里最重要的物质就是番茄红素。当我自以为已经掌握了关于西红柿的知识时，我对真实的西红柿可能仍然所知甚少。这样简单粗暴地认识西红柿是不行的，那样我们就会认为吃维生素片能替代吃水果蔬菜，而忽视营养来自完整的食物体系。

同样，我们更无法简单粗暴地认识一个人。我们需要在现实中完整地看一个人、一段关系，不能简单地给一个人贴上施虐者的标签。

更何况，由于情境和身份的不同，我们自身的位置也可能发生变化，我们可能既是冷暴力的施虐者又是受虐者。

当一个人沉浸苦恼、自我挣扎，无法走出自己建造的心灵牢笼，就是身处地狱；当一个人总是不断向外索取爱和关注，内心像有一个永远无法填满。

我们可以这样说：第一，在不同情境中，我们的位置可能会发生变化，我们既可能是冷暴力的施虐者，也可能因为境遇的改变，成为冷暴力的受虐者，反之亦然；第二，在不同关系内，我们的位置可能发生变化，我们可能对这个人是冷暴力施虐者，可能在面对那个人的时候，就是受虐者。

因此，虽然在本书中，为了表达方便，我还是会使用“施虐者和受虐者”，但需要提醒大家的是，施与受可能会随着情境和关系发生变化，要具体情况具体分析。

另外，因为一个人的心识会位移，所以那个虐待我们的“恶人”可能恰恰就是最爱我们或我们最爱的父母、伴侣。大多数时候，我们根本还来不及识别就已经处于一段充满冷暴力的关系之中了。或者，最糟糕却也最常见，我们从一出生就掉入了质量很差的关系网中，我们痛不欲生却无法选择，逐渐麻木甚至被同化，自己也不知道自己遭受了什么。直到一些问题发生，如抑郁、躯体疾病或亲密关系遇到各种困难等，才让我们有机会反思自己的人生，重新去观察我们习以为常的人与事。

冷暴力的主观体验性

还有一个复杂的部分，和我们刚才谈到的情感主观性有关。对这个人可能被体验为冷暴力的言行，对那个人来说可能毫无感觉；在这个情境下，某句话成了压倒骆驼的最后一根稻草，在另

一个情境中，可能听完只是耸耸肩一笑了之。主观体验是如此不可捉摸，也让对情感冷暴力的描述变得难以确定。

有时候我会用数字法帮助来访者衡量内部体验，比如我可能会问一位感觉遭受冷暴力的女性，假如0是完全没有，10是最强烈的体验，你觉得你遭受的冷暴力程度大致在哪里？来访者可能会回答大致在8或9，然后随着她自身的成长，自己内在力量的强大，虽然他人并未有巨大改变，她自身的体验却能下降到2或3。

所以在描述情感冷暴力的各个面向，我使用“施虐者”和“受虐者”时，与其说是在指代关系中不同位置的人，不如说是在指代关系中的不同体验。在情感冷暴力中，无论是施虐者还是受虐者，都需要主观体验参与其中。即使我们描述时区分得再清楚，或者我们作为旁观者，能清晰地看出谁是施虐的那个人，但在他们的主观体验中，很可能双方都觉得自己是“受虐者”，而对方才是摧残自己心灵的人。面对这样的情况，我们需要更深刻地去理解这是为什么。

虽然情感冷暴力涉及很多难以捉摸的主观体验，但尝试概念化一些想法、行为，做一些分型归类仍然很有意义，比如涉及医疗、法律领域和保险业务时都需要评估诊断。对普通人来说，了解一些大致的归类，对规避风险仍然是有意义的。所以本书也会做一些归类，有助于理解某一类的思维和行为特点，提升自己的自知和识人之能。但在实际生活中，我们仍然要去完整地看那个生动活泼的人，不要随便就贴一个标签。

必须再明确的一个问题是，我们谈论对一个人复杂性的理解，并不意味着我们支持他的行为本身。就比如犯罪心理学会研究一个罪犯，从他的大脑结构、遗传基因、童年经历及心灵创伤等各个层面，研究者试图找出影响一个人犯罪的因素。这些因素里，可能有些非常令人同情，比如他自身也曾遭受过残酷的虐待，或从未在其他人那里获得过丝毫善意，这些恨意不断发酵最终酿成恶果。我们研究他们的心路历程，是为了尽量减少类似悲剧的发生，但对已经造成的犯罪，只有使用法律来制裁。

同样，对情感冷暴力发生过程的理解，对那些施虐、受虐标签下人性尽量完整的解读，并不是给一个人的施虐寻找合理的借口："看，就是因为我妈这样对我，所以我现在才这样对你，我还一肚子委屈呢！"也不是让一个正身处病态关系中的人继续努力去成为拯救者："唉，原来他那么可怜，他对我做的事都是有原因的，我不能离开他，我得尽量帮助他。"不要利用这些理解来合理化自己的境遇，而是尝试改变。

另外，为了既不把冷暴力弱化甚至无视，也不要将其夸大化、严重化，时间、频率与程度等因素都要加入考量。

比如在判断一个人是否惯常使用冷暴力时，就需要考虑时间、频率与程度等因素。俗话说兔子急了还咬人，人可能都有言语过激、情绪失控的时候，不能依据偶发性的行为判断一个人总

是在关系中使用冷暴力，要更整体、更连续地看。

在判断冷暴力的影响上，也是如此。有时可能只经受过一次冷暴力，但程度非常严重。“一朝被蛇咬，十年怕井绳”，比如一些校园冷暴力的受害者，一次很严重的创伤可能让受害者很长时间都生活在阴影下。

同时，我们也要考虑积羽沉舟的情况，有些行为单独看起来似乎微不足道，但日复一日就有可能造成严重的后果，比如唠叨。

还有一些行为在表现上似乎和“冷暴力”没有太大区别，但却有着积极的效果，起着正向的作用，比如父母在教育孩子过程中那些恰到好处的挫折、对其行为的规范及人际关系中的一些相处策略等，是否构成冷暴力，需要视情境和对对方的影响来分别。

所以，书中所有提到的冷暴力内容，当我们和自己的生活联系时，我希望读者都能加入主观体验、时间、程度、频率、情境这些维度来考量，尽可能全面客观地去看待。

变化基于深刻的理解

在撰写本书的过程中，我通过一份问卷收集了大家对情感冷暴力主题下比较关心的问题。收集来的问题大致分为以下几类：第一类指向如何改变对方：“如何改变有冷暴力倾向的人，怎么相处？”“怎么让对方知道他错了？”“怎么治愈他的心理？”第二类指向如何应对：“如何有效沟通，快速结束冷暴力状态？”“不同关系的冷暴力如何应对？”“在无法结束的关系里，如何应对冷暴力？”“如何在冷暴力下成长？”第三类指向怎么改变自己对他人的冷暴力：“如何控制自己施于他人的冷暴力？”“习惯使用和被冷暴力的人如何改变？”

在我收集到的100多个问题中，有两个问题有所不同，一个问的是：“他心里究竟在想些什么呢？”另一个是：“冷暴力的背后在表达什么？”这两个问题让我看到了提问者试图理解某种行为背后的动机，希望可以理解更深。

在咨询工作中，很多来访者初次来到咨询室，都希望能从我这儿快速获得一个婚姻、亲子或其他问题的解决方案。“我该怎么办？”当我向他们了解他们自己都尝试过什么解决方法时，有人讲着讲着会忽然叹口气说：“唉，其实道理我都懂，该怎么做我也知道，就是到时候控制不住啊……”

比如一位母亲总是忍不住跟孩子发脾气，虽然她知道这样做对孩子有负面影响，也学习过该如何说话沟通效果才更好、孩子更愿意听，但似乎她总是在关键时刻掉链子，这让她也很沮丧。所以她来咨询想要一个解决办法。

假如我顺应了她的要求，直接在具体的沟通细节上给她建议，她回去恐怕要再一次重复这个掉链子和沮丧的过程。因为跟孩子发脾气这件事就像树尖上的叶子，如果我们不管这棵树的枝干、根系、土壤、生长环境，就只是往叶子上洒水，恐怕没法改

变其枯槁的状态。

我有几位朋友，其中有一对是夫妻，他们几年前曾一起参加过关于如何提升沟通质量的工作坊。工作坊提供了很多有效的沟通方式和说话的技巧，他们整体的感觉是："上课觉得特有用，下课就没用了。"多年后，我请他们回顾所上的课程并谈了谈感受：

"当时觉得有些帮助，我现在看来觉得其实更多是因为，一方面有了倾诉和被倾听，这样把原来只能闷在两人之间的情绪向外宣泄了一下；另一方面等于把两人之间总是用冷暴力互相伤害的恶性循环打破了一下。还有重要的一点其实是发现了不止我一个人这么坏或这么惨，心理平衡多了……"

"我觉得最大的收获是学会如实描述和表达感受，而不仅仅是情绪化的指责，比如'你天天回来这么晚'就是指责，而'你今天回来晚了，我很着急也很不好受'，这就是在描述和表达感受。但是，第二种表达方式，虽然能避免一些对对方的伤害，但并没有消除自己的怨气。因为要改变语气和措辞，可能还会增加自己内心的压力，时间长了反而可能增长怨气。"

"感觉学到的方法的确是好方法，但解决不了根本问题。因为这些方法虽然有用，但只能说是一种工具，而很多关系问题不是在工具的层面能解决的，可能要寻根究底。我们俩都是那种得知其所以然的人，希望弄清楚两个人之间到底发生了什么。”

“主要还是知易行难。要想实践这些沟通方式，得先要压抑，或至少是放下自己的，首先看到别人的需要。如果只是生硬地做，而人际环境并没有改变，自己会有委屈，积累很多情绪。如果一直没有外界支持，只是依靠自己去改变真的会很困难。人都是需要被理解的，其实当初来参加工作坊的大部分人想要的也是被倾听、被理解、被看见。”

“我也是感觉仅凭改变表达方式无法解决问题，只有深入理解彼此，改变了自己内在的心态和看待对方的角度，才能更根本地消除怨气，做到釜底抽薪。”

“现在想想这些沟通方法都是有用的，但前提是自己真的有意愿去用，而有这个意愿，才是最困难的。我觉得真的让我俩的关系变得顺畅是在我更深刻地理解了自己和对方之后，我有了沟通的意愿，那个时候似乎并不需要什么具体的方法，我很自然地就能做到倾听对方和做出让对方听起来比较舒服地回应。”

如果说关系中的冷暴力就像一块块漂在湖水上的浮冰，我们是拿着锤子一块块去砸碎，还是希望春回大地，湖水升温，浮冰自然消融？

在这本书里，我也会给读者一些“锤子”，但更多的内容，我希望放在让湖水升温的工作上。浮冰并非异物，浮冰也来自

水，是湖水的一部分。

我希望可以促进读者的自我观察：我在关系里是怎样的？我的感受如何？当我感觉不舒适时，我知道是为什么吗？我为这段关系贡献了什么力量，让它呈现现在的状态？我能做些什么，改善这段关系？如果我无能力改善，我是否有能力离开？

假如带着这样觉察的目的来阅读，我相信这本书会很好地帮助到你和你的关系。

02 心灵上的痛苦不是无病呻吟

木先生的门

没有皮开肉绽，没有伤痕累累，没有流血，没有尸体，有的是只精神上的痛苦，但这些感觉外人却丝毫没有察觉。在外人眼中，这个人如常地吃喝玩笑，过得和任何一个普通人一样正常。但他的心就像被蚂蚁啃噬，日渐空洞，虽然表面上强颜欢笑，内心的苦楚只有他自己一个人知道。偶尔天气放晴，他尝到一丝生活的甜，又觉得好像那些苦也算不得什么大事，自己实在是小题大做了。

心灵上的痛苦究竟算不算痛苦，甚至有时候就是受苦者本人都在怀疑。

木先生躺在我通讯录里已经五年了，每隔一年半载他就会问我："刘老师，最近您有时段吗，我想约下咨询。"当得到肯定的

答复后，木先生便没有了音信，直到再次询问。这样的互动重复了几次之后，我们终于可以坐下来交流。当讨论这件事时，木先生说起他那时的状态，的确是因为内心非常痛苦所以才询问。但每次询问并得到回应之后，就像是手已经扶到了门把手上，门马上要被推开了，那一瞬间会立即觉得自己的痛苦不过是一些转瞬即逝的无病呻吟，没有任何必要还要因此去花费时间、精力和金钱去处理。尤其当自己徘徊犹豫时，忽然朋友喊他去旅行或喝酒喝到断片儿，他便会觉得自己的痛苦更加轻如鸿毛不值一提："谁活着没点儿痛苦，谁不是这样想方设法地化解自己的压力，怎么我就这么矫情……"

"或许当时你也有些担心，害怕推开门后，我也会觉你的痛苦不过是无病呻吟，是一些不值一提的矫情……"

木先生尴尬地笑了一下："男人嘛，不应该这么脆弱……"

然而，恰恰是从木先生面对和接纳自己的脆弱开始，他心灵的根系扎进了泥土，开始有了真正的持续的力量。

"有天跑到山上，冲着天空大声地喊，那一瞬间我觉得自己终于不用掩饰什么了，我就是感觉痛苦，哪怕别人说我有病我也认了，承认自己有病反而让我感觉自己特别正常……"

正是对这看不见、摸不着的心灵痛苦的压抑和忽视，让很多正在承受情感冷暴力的人连自己的痛苦都无法面对，也就更难意识到需要为保护自己或改善关系状态做些什么。

所以在学会识别情感冷暴力之前，我们首先要明确的一点是：心灵的痛苦不是无病呻吟，它和身体上的痛苦一样，需要被看到、被抚慰、被治疗。如果得不到及时照料，可能会发展得更加严重，影响生命质量。

为什么很多人会无视心灵痛苦呢？主要有以下几个方面的问题：

第一，认为心灵痛苦是精神软弱的表现，是一种矫情，接受帮助就意味着自己太脆弱了。木先生就是这样的，他几度徘徊于咨询之外，为自己有心灵的痛苦而羞耻，觉得脆弱是一种矫情。

“病耻感”是很多承受心灵痛苦的人拒绝求助的重要阻碍之一。我们日常随口说的一些话，其实都在传播和加重“病耻感”，比如骂人的时候：“你这人是不是有病啊”“神经病”“你没吃药吧”。处于这样的压力之下，我们宁可装得坚强，也不想暴露自己心灵上的痛苦，免得被人耻笑。

“我一个堂堂男子汉，因为老婆骂几句就老是情绪低落，说出去真的太丢人了……”木先生因为害怕丢人，让他持续困在冷暴力的环境中，内心越来越痛苦。

第二，认为人的心灵痛苦和人格、人品、道德水平有关，心灵痛苦说明一个人修养不够。这么说，不能说全错，但这是一个极其片面的看法。造成一个人心灵痛苦的原因是非常多的，如社会的、家庭的、文化的、先天基因的、后天环境的等。

以抑郁症为例，心理医生反复强调抑郁症是一种疾病，是精神上的感冒，它的确存在一定的人格基础，但和人品、道德并没有直接关系。我们能说一个得了感冒的人就不是好人吗？不能因为一个人患了抑郁症就贬低他的人格，这些观点会让抑郁症患者更加自卑、封闭，不敢或羞于求助。

身受冷暴力之苦的人也有类似的情况，很多人会觉得是因为自己不好，所以才遭受这样的精神虐待，如果暴露出来，等于就暴露了自己是个不好的人，这让他们宁可选择默默承受。这样的自我贬低和默默承受，恰恰迎合了施虐者的贬低："你一无是处，除了我谁也不会理你。"受虐者在用行动认同施虐者，也让求助破局变得更加困难。

第三，认为心灵痛苦没多大事，忍一忍就过去了。面对情感冷暴力，"忍"是很多人的选择。

"要是自己坚强一些，就不会承受这份痛苦和折磨了""我再坚持一下，他会想明白的""他也没拿我怎么样，我是不是小题大做了"，"我忍一忍，对大家都好"……

忍，就是把自己的需求蜷缩进一个小小的角落，压得不能再小，最好小到自己都无法觉知，但由于所有压力都集中于一点，彻底爆发时反倒会令人震惊。

阿豪的忍

《阳光普照》中的老大阿豪突然跳楼，似乎毫无征兆，留给观众的是映照在墙上的一个孤独背影。但跟随晓真的回忆，阿豪的决绝离开似乎又变得有迹可循。

阿豪给人的感觉是那样平和，面对弟弟入狱、弟弟女友怀孕、父亲和老师对他的期待，阿豪的反应似乎都是淡淡的、理智的。包括他最后决绝离开的过程，洗澡、刷牙、换衣服、叠衣服，镜头里的他是那样冷静，以至于如警报一样的门铃响起时，观众还是无法预料他发生了什么。直到真正看到阿豪的尸体躺在那儿，我们似乎才明白他的平静是一种沉默的绝望，绝望到没有任何呐喊和挣扎，生命就戛然而止。

阿豪对晓真讲过一个他自己心中的司马光的故事。在故事里，司马光和小伙伴一起玩捉迷藏，人都找到了，可司马光偏说还少一个。小伙伴只好继续跟着他找下去。他们看到大树下的一口缸，小伙伴们说：那个孩子一定在里面。于是司马光举起石头，砸向大缸。缸破了，却没有水流出来，黑暗的缸里真的坐着一个小孩，那就是司马光自己……

我们都知道，那个小孩不是司马光，而是阿豪。

阿豪自杀前给晓真发了一条信息：

这个世界，最公平的是太阳，无论纬度高低，每个地方一整年中，白天与黑暗的时间都各占一半。前几天我们去了动物园，那天太阳很大，晒得所有动物都受不了，它们都设法找一个阴影躲起来。我有一种说不清楚模糊的感觉，我也好想希望与这些动物一样，有一些阴影可以躲起来。但我环顾四周，不只是这些动物有阴影可以躲，包括你、我弟，甚至是司马光，都可以找到一个有阴影的角落。可是我没有，没有水缸，没有暗处，只有阳光，24小时从不间断，明亮温暖，阳光普照。

活在他人期待中的阿豪，努力变成阳光温暖的“对别人很好”的人，却不能给自己的需要一点点安身之处。他的世界阳光普照，却无处藏身。他希望有人可以看到那个已无处蜷缩的自己，那个一直隐忍的、理智的、平静的假面背后的自己，然而最终“没人知道他需要什么”，唯有死亡撕裂了所有假象。

隐忍绝不是解决心灵痛苦的办法，它只是粗暴地在伤口上糊了一层泥巴，最终伤口会从里面溃烂。在第五章我还会详细讨论“忍”的问题。

想要治疗冷暴力造成的心灵痛苦，我们至少要先承认心灵痛苦是真实存在的，心灵痛苦是可能带来严重影响和后果的。我们无须因承受心灵痛苦感到自己很差劲、很羞耻，我们可以尝试去求助、面对和解决。因为冷暴力造成的心灵痛苦是非常常见的，因为情感冷暴力广泛存在于各种关系中，家人、朋友、同学、同事，可以说是无处不在。

03 亲密关系里的冷暴力："你不是用手打的我，你是用你的态度"

许伯常和刘淑芬

电影《无问西东》中许伯常和刘淑芬夫妇，是夫妻间冷暴力的典型案例。

许伯常家境贫寒，刘淑芬供他读完大学，这段婚姻的基础是爱情还是施恩与报恩，本身就值得讨论。我对你好到不顾自己，在道德上就有了优势，而出于感激便承诺一生，在情感上似乎就有了委屈。这种潜藏的危机，在许伯常想悔婚时恐怕就已经意识到了。他不再爱刘淑芬了，但刘淑芬不允许他不爱。于是，刘淑芬拿刀以死相逼迫使他跟自己结了婚，这时的刘淑芬其实就已经一败涂地了。"为什么别的都可以变，就这件事不能变！"许伯常的怨恨和刘淑芬的刀一样锋利，他开始用冷暴力的方式，报复这段不情愿的、被胁迫的婚姻。刘淑芬的悲哀在于，她靠付出、施恩、胁迫得来的婚姻，仍然继续用这个套路去维系——承包所有家务、把吃的留给许伯常，自己喝咸菜汤。她以为自己这样的付出会被珍惜，所以当她一边抱着大盆搓衣服，一边看着许伯常吃东西，她是有着一丝轻快和满意的：“哎，甭给我剩啊，全都吃干净了，天热饭放不住。”她觉得自己的付出与牺牲应该可以换回一些期待的温存，所以看到许伯常走出来的时候，刘淑芬的表情瞬间有些期待，她以为他会走向自己，谁知他走向了邻居，而且是去帮邻居。刘淑芬的失落瞬间转化为愤怒，她使劲儿地搓着衣服，她的自尊和仅存的希望被许伯常肆意地揉搓。

刘淑芬不理解，许伯常最恨的就是被刘淑芬的付出绑架。过度付出唤起的并不是温暖、爱和感恩，而是一个人的无能、内疚和愤怒。许伯常想通过划清界限来抵消这挥之不去的无能和内疚感，他不想用刘淑芬的杯子和饭碗，不仅是因为情感冷淡而嫌弃，更是想反抗捆绑，想宣布独立，想摆脱当初的供养。他就是想要用你是你、我是我，来摆脱那种亏欠感。因为有所亏欠，所以被绑架赔上半生，满满的愤怒、怨恨，哪里还想再跟你有一丝一毫的关系。

刘淑芬的期待没有错。一个妻子，渴望丈夫的温暖和回应有什么错呢？她跳井前望向的两个人一起拉手风琴的画面，不管那是当初他们真实发生过的，还是她梦里希望可以实现的，都是多么美好。向往美好有什么错？但她的力气用错了地方。

许伯常再也不想被内疚感绑架，所以对刘淑芬的付出再也不做任何回应。得不到想要的回应后，刘淑芬恼羞成怒，对许伯常

或打或骂，成了外人眼中的悍妇；许伯常则默默忍受着妻子的家暴，一副老实巴交的样子，让他的学生都要站出来为他说话。

刘淑芬的苦，只有她自己知道，因为她遭受的是冷暴力。当许伯常再一次以冷暴力对待刘淑芬后，她冲着许伯常歇斯底里地吼道：

“外人只看我怎么打你、骂你，可他们不知道你是怎么打的我。你是用你的态度打的我，你让我觉得我是世界上最糟糕的人。”

“你让我觉得我是世界上最糟糕的人”，这是怎样的一种窒息般的痛苦和绝望。刘淑芬并没想过要致王敏佳于死地，她只是有一腔的愤怒和委屈无处发泄。本来她是想跟许伯常沟通的，她坐立不安，她随便拉抽屉，她在床上使劲儿抻被子弄出响动，都只想要许伯常一个回应。但再次遭受冷暴力后，她愤怒了，她所有的恨都涌向了写信的王敏佳。在这段婚姻里，她看似强势，实则卑微。当看见满脸是血、奄奄一息的王敏佳时，她仿佛看见了另一个自己——也是如此被打翻在地，没有尊严，被唾弃，再无翻身的可能。只不过打倒王敏佳的是拳头板凳，而打倒她的是冷漠无视。她的心彻底死了。

谈一次恋爱脱一层皮

晓黎是情场老手，但却总是遇到“渣男”，屡战屡败之后，她总结了一套渣男的恋爱套路：撩拨讨好肤浅敷衍、冷落拒绝巧言欺瞒、指责贬低花样甩锅。这些套路里隐藏着很多冷暴力，能伤人于无形，所以与具有这些行为特点的“渣男、渣女”谈一次恋爱得脱一层皮。

在恋爱关系中，擅长冷暴力的人往往具有以下几个行为特点：第一，时而热情时而冷漠，让恋人感觉其行为无法预期；第二，常常否认对方的真实感受，很难共情对方；第三，贬损对方，让对方怀疑自己，伤害对方的自尊；第四，用回避、示弱的方式来控制对方，激化对方的情绪。

由于具有操纵情感的需要和能力，因此在恋爱开始时，他们往往采取主动，甜言蜜语，各种撩拨。但因为他们自身情感缺乏深刻性，所以这些撩拨大多肤浅表面，吸引来的也往往是涉世未深或非常缺爱、给点儿雨露就发芽的女性。

而情感缺乏深刻体验的特点，会让他们在关系中呈现明显的不连续性，无法和人建立稳定而深刻的链接。他们忽冷忽热，忽远忽近，给人的感觉是他就好像时常要重新熟悉一些人，要重新在心里去拼凑他人的完整形象，但往往也是徒劳的，他很难描述一个完整的人，就像很难描述他自己一样。他感觉自己也是不连

续的，有时似乎是这样的，有时又是那样的；他会突然对人很热情，或突然对人很冷漠。在自己对自己感觉良好时，可能会对别人也很好；对自己的感觉不够好时，忽然又感觉别人都带有敌意，保持距离才是上策。

这让恋人觉得他的行为很难预期，可能昨天还甜言蜜语，今天不知道他发生了什么，就忽然一整天都不回一个微信。

由于内在的破碎和脆弱，他很害怕别人洞悉自己的内心世界，因此总是会用花言巧语来隔离真实的情感、避免真正的沟通。所以一些所谓“渣男渣女”并非有意为渣，他们往往在情感上有创伤，内心世界是非常孤独和脆弱的，这也会让一些具有拯救情结的人嗅到求救的味道而飞蛾扑火。

在一方有沟通需求的时候，另一方总以拒绝直接沟通的方式回应，或找各种借口来逃避，这时你会感觉非常不安，因为面对的是完全的未知。就好像身处无人空谷，呐喊却没有回音，可以想象那种慌张和焦虑。

当你终于打通电话，想知道为什么连续两天他都没有任何音信或为什么有人看到他和其他异性在一起时，他感觉到的是控制和情感压迫。他们之所以要成为情感的操控者，是因为非常恐惧被操控，这些情感压迫就好像要入侵他的私人空间，于是开始用各种借口敷衍：“这两天很忙”“我们只是普通朋友”，似乎你体验到的那种被忽视、被冷落、被背叛的感觉是不正常的。如果你继续希望得到一个解释，很有可能就会在瞬间被他从一个受伤的人转化成一个犯错的人：“你为什么就不能体谅我一下，怎么这么不懂事呢？”“你这人怎么这么小心眼、这么敏感，为什么就不信任我呢？”于是你开始怀疑自己的感觉，开始认同对方的指责，甚至感到有些内疚，似乎打电话之前那个想好好要个说法的自己变成了胡搅蛮缠的人，而对方是一个无辜的、被你无端猜忌误会的受害者。

然而随着类似情况的不断累积，你变得越来越敏感，在关系中越来越没有安全感，你对他那些把自己伪装成无辜者的借口和套路已经非常熟悉，但你怎么也戳不破对方。对方就像一条滑溜溜的泥鳅，总是能巧妙地操控你的情绪，让你在不知不觉中滑入他有意或无意铺设的情感圈套。你越是急切，对方的网就收得越紧。如果此时他已经有了新的目标，往往会越加频繁使用冷暴力——贬损、忽略、冷落、控制：“你看你又胖又丑的，除了我谁要你啊？”“做爱时想换个姿势你都不配合，一点儿都不懂得情趣。”他戳中的往往是你自己也在意或为之羞耻的部分。

你的自尊被按在地上摩擦，终于受不了要反抗，你哭闹发脾气，而他非常平静不为所动，似乎有着良好的涵养和无愧于心的淡定，一边冷漠地看着你一边对你进行进一步的贬低：“你看你总是闹，就会乱发脾气，话也不会好好说，你这个样子，让人看了心里多烦，我真是已经受够了。”他还会跟你们共同的朋友散

播："某某脾气特别不好，又任性又依赖，老是缠着人，我已经尽力了，觉得好累啊……"当你终于受不了提出分手，他就又会说道："你们看，我对某某这么好，某某还是不知足，是某某先抛弃了我，我没什么对不起某某的地方……"于是，你成了这段关系走向终结的唯一责任人。

如果你能看清这个过程，就不会因失恋而痛苦，应该为终于摆脱这样的关系而庆祝。

我最深爱的人伤我却是最深

在《情感冷暴力调查问卷》中，有一道题是"谁对你有过冷暴力"，有68%的人选择了伴侣，是所有选项中占比最高的。而"你对谁施加过冷暴力"一题中，选择"伴侣"的数字高达78%。同样是所有选项中占比最高的。

为什么冷暴力高发于伴侣之间呢？

因为我们就像需要空气一样需要亲密关系。人类是社会动物，我们对关系的需要是人类社会属性的核心部分，而亲密关系——父母、伴侣、子女、朋友，则是所有关系中最重要的一种。伴侣关系无论是从彼此的了解程度、关心程度、依赖程度、信任程度、忠诚程度还是一致程度上，都与普通关系有着巨大差异。我们从伴侣那里获得了更多的支持，同时意味着，互相伤害同样有了相应的基础。例如：我是如此了解你，意味着我既了解你的优点，也了解你的缺点；关心让人感觉温暖，但也可能在关心的名义下过度控制对方的生活；依赖既是甜蜜又是负担，如果彼此依赖，也有可能成为彼此负担；信任度越高，出现不信任时摔得就越疼；有多忠诚，被背叛时受的伤就有多重；总是一致又了无生趣就像左手右手，总不一致又争吵不断、矛盾重重……

另外，“双人床上躺着至少六个人”。两个人在一起，彼此都带着各自原生家庭的影响。两个人的沟通，往往是两个家族留下来的各种沟通方式、情感模式的碰撞。亲密关系不像在校园或职场，同学或同事还有机会一起接受一些社会化的培训，告诉你作为一个学生或职员得体的言行，或者通过规章制度来规范言行。亲密关系中的两个人，主要是情感交流，如果没有经过刻意学习，使用的就都是从原生家庭里带来的情感交流模式。如果那个模式本身就不是什么好的范本，那么双方出现很多沟通障碍也就毫不意外了。假如双方或某一方的原生家庭中存在冷暴力现象，也就很容易传递到新的关系中。

也有学者从性别差异来理解亲密关系中的冲突，认为是性别的差异性造成了两性之间的冲突。但从我所做的问卷结果来看，在“你对他人施加过冷暴力吗”一题中，性别的差异性并不大；在“你曾遭受过冷暴力吗”一题中，男性选择“经常遭受”的概率高于女性。这和我们在生活中的观察也比较一致，无论男女都会使用冷暴力，也都可能遭受冷暴力。相对性别而言，个体性格

特点的差异在是否使用冷暴力和更容易被冷暴力的问题上影响更大。

在《情感冷暴力调查问卷》中，有“面对冷暴力，您一般的解决办法是什么（可以多选）”一题，其中男性的选择是这样的：

53.4%选择尝试主动沟通；34.8%选择忍受，没有太多办法；30.2%选择沉默，等对方先开口；27.9%选择也以冷暴力回击；20.9%准备结束这个关系；16.2%选择找别人帮忙跟对方沟通；13.9%选择找朋友倾诉；9.3%选择摔东西或喊来发泄不满；9%选择求助心理咨询师；6.98%选择身体会不舒服或生病，对方往往就软化下来；6.9%选择动手打人；4.6%选择默默哭泣，希望唤起对方怜惜；4.6%选择其他。

女性的选择是这样的：

51.3%选择尝试主动沟通；51.3%选择也以冷暴力回击；35.9%选择准备结束这个关系；30.9%选择找朋友倾诉；28.1%选择沉默，等对方先开口；20.4%选择忍受，没有太多办法；19.8%选择摔东西或喊来发泄不满；18.7%选择默默哭泣，希望唤起对方怜惜；9.9%选择找别人帮忙跟他沟通；9.3%选择身体会不舒服或生病，对方往往就会软化下来；8.8%选择求助心理咨询师；3.3%选择动手打人；2%选择其他。

我们可以看到，无论男性还是女性，愿意尝试主动沟通的还是占了多数，而男性在面对冷暴力时，无论是忍受还是沉默等待，都更倾向于耐受情绪，呈现某种被动消极状态；而女性则相对来说更难耐受，无论是以冷暴力回击，还是准备结束关系或找朋友倾诉，都更希望将情绪宣泄出去或调动自己去积极应对。

由于男性、女性应对方式的不同，很可能会造成冷暴力的进一步升级。例如，当双方冷战时，男性可能想静一静后再沟通，而此时的女性或许已经做着结束关系的打算了；或女性因无法忍耐冷暴力而发泄情绪的时候，会被男性理解为无理取闹，进一步升级两人之间的冲突。

04 深不见底的忽视——亲子关系里无法抵御的冷

当我想死时你还是只关心我的成绩

在《关于情感冷暴力的问卷调查》结果中，“谁对你有过冷暴力”，有31.8%的人选择了父母，排在恋人或伴侣之后，位居第二。

在接触过的青少年案例中，我对一个12岁的小姑娘印象深刻，其实她只做了一次电话咨询，我却一直记着。那时我还是一个实习咨询师，负责接听免费的心理热线。有天一个外地小姑娘打来电话，她说她12岁上初一，心里很痛苦，每天上学路上，看着来往的车流，就会想象自己如果被车轮轧过去会是什么样的感觉。小姑娘说话很有逻辑性，表达的情感也很丰富和深刻，她说她觉得每天活着都没有意义，妈妈总是因为一点儿小事就骂自己，自己其实已经很努力了，但还是没法达到妈妈的期望，现在每天都会想很多次死。她很平淡又很冷静地说出这些话，我听了很心惊。

我问她是否愿意让我和她的妈妈谈一下，小姑娘犹豫了一下说："老师，我其实特别想让您和我妈妈聊聊，但您能别告诉我妈妈我想死的事吗？我怕她会骂我……"我听她这样讲，又心疼又心酸，相比死亡，被妈妈骂更让她害怕。我说老师会跟妈妈了解一下情况，但如果涉及你的安全问题，老师需要让妈妈知道该怎么保护你，我会帮助妈妈了解你心里的痛苦，让她不要因为你的痛苦再骂你。小姑娘答应了，并把妈妈叫来接电话。我跟妈妈说明了身份和孩子打电话来求助的情况，妈妈的第一反应是："那你赶紧给她咨询咨询，这个孩子学习太不用心了，你看怎么让她能把心思放在学习上，提高一下成绩。"我至今还记得听了妈妈的话后的那种愤怒和悲凉，自己的女儿已经挣扎在生死的边缘，在妈妈的心里想到的却还只是孩子的学习成绩，孩子的情感世界是如此被忽视。我耐下性子，在电话里和妈妈谈了很久，妈妈说着说着就哭了起来，开始诉说自己婚姻的不幸和自己的辛苦。我尽量共情她的艰难，也尝试让她理解女儿的痛苦。妈妈最后答应不再打骂孩子，会更关心孩子，如果有需要就到当地的心理机构求助。

之后我没有机会再接听热线，也不清楚小姑娘是否再打过来。后续的情况怎样，我心里偶尔还是会想起，尤其孩子已开始想要结束生命而妈妈仍然未有丝毫察觉之间强烈的冲击，那种感受我至今记着。

叶子的故事

幼年时被忽视，对一个人的影响是深远的，这种被忽视的冷是一种很难抵御的寒冷，它具有精神的穿透性，让孩子的精神基底中充满了不被关注、不被需要、不值得被爱、我是不好的、我是没价值的、没有存在感等刺骨的创伤。

叶子40岁出头，因为持续的无意义感、无价值感而来咨询。

“我把一天的时间排得满满当当，看起来过得非常充实，但一半的自己在做着这些事，还有另一半的自己觉得这些都没有什么意义……”叶子窝在沙发里，抱着靠垫，略带颓唐地开始诉说：“比如早上参加公司组会，每个人都发言，我也发言，同事和领导对我的发言也有肯定，可我心里就有一个声音觉得我说得不好，没什么特别的。中午跟同事聚餐，大家聊到哪个韩国明星自杀的事，大家都七嘴八舌的，我也表达我的想法，可我就会觉得自己说的话特别肤浅，别人怎么能那么深刻地看问题呢？我怎么就感受不到那些东西呢？我觉得我好像没有属于自己的感受，没有独特性的、原创的属于自己的东西，我觉得自己说出来的都不值一提……”

叶子并非没有对生活独特的感受和体验，只是每当她尝试去呈现和表达时，一定伴随着对自己这些感受的贬低。我们一起尝试着理解什么样的情感体验会让她总是沉浸在对自我感受的贬低上。

叶子会谈到早年的时候，爸爸妈妈对自己的忽视，但她很难回忆起八岁以前的细节和自己的感受，她常常卡在那里，脑子里一片空白，没有难过也没有悲伤，然后很茫然地看看我：好像我只有一些很碎片的记忆，像掉进大雾里一样。

当我们一起工作了一年多的时候，有天她无意中说起刚刚过去的“双十一”，她本来在说着对自己的身材总是不满的，“双十一”买了一堆衣服但感觉穿上哪件对自己都特别挑剔。忽然她顿了一下，好像想起来什么似的：“我还囤了四十盒口香糖……我特别在意口气清新，永远随身带着口香糖，总担心自己嘴里有味道……我从小跟着爷爷奶奶在农村，他们根本没有口腔卫生的概念，不刷牙也不漱口，我也就跟着没有养成好的刷牙习惯。5岁时爸爸妈妈接我回到城里上学前班，我记得在学前班里就有小朋友跟我说：‘叶子你嘴巴真臭。’那会儿我好像也没有什么感觉。后来上小学，也老有小朋友说我嘴巴臭。我不记得我是不是觉得羞耻还是怎么样，好像也没有感觉，因为我从小就没刷过牙，没人告诉我该怎么做。我用舌头舔自己的牙，后面的几颗槽牙都有洞，老有东西塞在里面，我就用手抠。其实当时应该已经是满嘴的虫牙了，有些随着换牙换掉了，但新牙又开始蛀。那会儿我爸一年到头不在家，我妈照顾我和我哥。我哥老是闹事，不

是旷课就是打架，我妈根本没有精力管我，我好像家里的透明人一样。蛀牙、口臭这些算事吗？被小朋友嘲笑这些在我们家根本不算事，没人在乎。我记得可能四五年级的时候，那会儿口腔问题已经很严重了，同学已经在拿这个问题开我玩笑了。我的衣服也经常好多天不换，很长时间不洗澡，身上都有味道。一个小姑娘却很不讲卫生，我都不知道我当时是怎么样的……”叶子说到这儿彻底哭了出来：“没人管我这些，我自己也就是稀里糊涂的，整个人就蒙蒙的。我好像也知道自己不受欢迎，就经常一个人上下学，一个人躲在教室角落里不跟别人说话。那会儿可能有很多孤独、很多羞耻、很多痛苦，但我现在完全想不起来了。后来我记得有个老师善意地提醒我：‘每天早晚都要好好刷牙呀，要勤洗澡’，我就跟开窍了似的，跑回家求妈妈给我一点儿钱，我想买牙膏牙刷，同学说我嘴里有味道。妈妈特别惊讶：‘你这么大了怎么每天都不刷牙啊……’我当时觉得特别羞臊，没人告诉过我该怎么做的事，忽然就成了我的错，我无法责怪别人，就只觉得自己蠢、自己笨、自己没脑子。后来我的牙一直都不好，但我妈也没问过我，直到我后来上了大学，自己靠打工赚了钱，才自己去医院补了牙，但小时候的阴影让我特别在意自己口腔里的味道，它总是让我有一种愚蠢、羞耻的感觉……”

叶子的记忆苏醒了，她开始尝试着去面对那些曾经被她解离掉的复杂的感受，那些当年那个小姑娘难以忍受的痛苦情感——

被父母忽视、被小伙伴耻笑，孤独无助，觉得自己是脏的、臭的、不好的。

“其实现在想想这多大点儿的事啊，有那么难吗？只要有个人帮助那个小姑娘建立一点儿卫生习惯，给她生命里一点点光，她怎么会有后来那么多的羞耻……但遗憾的是，那个时间段里，就是连这一点点光都没有……”

在叶子的童年里，绝不仅仅是个人卫生的问题被忽视了，但是它带给叶子的羞耻感是非常直接的，而且至今都伴随着她自己。

父母的忽视是孩子无法抵御的冷暴力。

很多被忽视的孩子都会有类似的茫然感：觉得有些事不对劲儿，但好像自己并没有那么痛苦，也没什么特别不满足的。你怎么可能去要求一些你甚至不知道是什么的东西呢？他们如果一直局限在自己的家庭里，没有其他的经验冲击，他们甚至不知道自己缺少了什么。

比如叶子，她从小跟在沉默寡言的爷爷奶奶身边，然后忽然换了一个环境。在新环境里，没有人教给她该怎么去适应，任由她自己野蛮生长。说话带口音、怯生和其他孩子对自己卫生情况的嘲笑让她更加封闭自己。她吸收不到更多的有助于自己去适应环境的心理营养，只能一个人迷迷瞪瞪地活着。

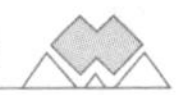

叶子是不可能对父母提出要求的："你们应该帮助我去适应新环境，帮助我搞好个人卫生让我有起码的体面，当我被嘲笑的时候，应当安慰我、鼓励我。"虽然在情感上叶子需要的就是这些，但对幼小的叶子来说，这些都是她从未有过的体验，她不能把这些需要语言化，更没有能力跟父母提出。她说不出，父母又忽视叶子的需要，无法同频性地理解和给予。这些需要又一天天地不断累积，叶子能怎么做呢？她只能解离掉自己的感受，让自己每天迷迷瞪瞪的，只有这样才能不去意识自己的痛苦。这也是为什么她经常感觉童年经验碎片而空白的原因。

除了解离外，叶子为了保护父母在自己心中的形象，还会不断合理化父母对自己的忽视。

第一，即使是质量不好的父母，但仍然是父母，孩子维持一个想象中的父母形象，也能帮助自己维持心理的稳定。虽然这个形象是岌岌可危的，如泡沫般容易破裂。

第二，如果父母的忽视是有原因的，就可以不去面对父母心里可能就是没有那么爱自己这个更加残酷的事实。

第三，如果为父母的行为找借口，也可以避免让自己体验到毫无价值的感觉，虽然这往往是徒劳的。

为父母忽视合理化的结果，会让孩子很难把攻击指向父母，而会反过来指向自身。他们不会认为是父母的反应有问题，而会觉得是自己的需要本身有问题。这也就是叶子长期无视和贬低自己的感受的原因。

叶子属于很懂事的孩子，她可以体会父母，尤其是妈妈的艰难。所以对于妈妈对自己的忽视，她很难生起怨恨，这种感觉是她不允许自己去体验的。妈妈也会不断给叶子灌输自己如何辛苦，要叶子心疼自己，不要给自己添乱。当叶子把自己能消化的、不能消化的都一股脑自己承担时，妈妈也会给叶子一些甜，比如称赞她省心、不惹事，称赞她能帮家里干活，称赞她连哥哥的衣服都能帮着洗。这些甜无一例外都是满足妈妈自己的需要时才会给的。叶子为了这些微末的甜，会更加懂事，直至慢慢意识不到自己的需要。

“蜜罐”中长大的婷婷

相比叶子，婷婷遭遇到的忽视更难察觉。如果说有人看到小时候的叶子，会从她邋遢的外貌推测出她的父母可能对她不够上心，但外人看到婷婷，却会觉得这是一个在“蜜罐”中被捧着长大的孩子，是被珍视的。漂亮的打扮，得体的举止，优秀的学习成绩，开朗的性格，正在国外名校留学，有着充满希望的未来。然而虽然年龄相差二十多岁，成长背景完全不同，婷婷却和叶子有着非常相似的痛苦：持续的低价值感和无意义感。

假如说叶子还可以给自己的痛苦归咎于早年生活的艰难，每个人的情非得已，那么婷婷似乎无论有什么样的痛苦，都像是在

无病呻吟、身在福中不知福，所有所谓的痛苦都显得有些“矫情”。父亲事业有成，是一家外资企业的高管；母亲受过良好的教育，从她出生就全职在家带她，写育儿博客而拥有很大的粉丝群体——婷婷本身就是她分享教育成功经验的资本。婷婷是家族同辈里唯一的女孩，祖父母也很宠爱。如果不深入婷婷的内心世界，外人很难看到这样的成长环境里，婷婷情感上的千疮百孔。

婷婷的父母对她自己的人生既志得意满又充满焦虑。他们从贫苦奋斗到终有所成，既为自己骄傲又极度担心可能会失去手中来之不易的一切。他们希望把自己所有迈向成功的人生经验全部复制给婷婷，不让她走一点儿弯路，一定要比自己更顺利、更快速地抵达他们心目中的“成功”。至于这个“成功”的含义是什么，他们只能用表面的东西去标注——赢在起跑线的幼儿园、名校、高薪、撒丁岛的浪漫假期……或者更直接一点：赚钱的能力，展示自己时获得的赞许羡慕的目光，与别人比较时的优越感。这些都是支持婷婷父母意义感和价值感的来源，婷婷如果可以复制他们的成功人生，将会让婷婷父母的这种意义感和价值感变得更加实在。婷婷没办法为她自己而活，她生出来就注定要成为父母成功人生的一个注脚。

如果说婷婷是在被忽视中长大的，婷婷父母会非常委屈，甚至婷婷自己可能都不会承认。他们和那些只负责孩子吃喝的父母完全不同，他们还“关怀”婷婷的心灵。然而婷婷却从小学高年级起就开始体验到一种弥散的无意义感，就像心底有一片无人看到的沙漠。为什么会这样，是因为婷婷父母劫持了婷婷的精神世界为自己所用，并没有真正关心到婷婷的需要。

婷婷回忆起小时候的一件事。她只有四五岁的年纪，家里来客人，妈妈让她给客人弹奏古筝，但她正在玩一种磁力玩具，所以很不情愿。妈妈第一次进来时很温和地说："那你先玩吧，一会儿弹。"然后妈妈拿着她的考级证书出去了，在外面给客人展示。妈妈过了一会儿又回来，悄悄对婷婷说："好好出去弹，给你买冰激凌。"婷婷正搭房子搭得起劲儿，还是不愿意。妈妈立刻皱眉，给了她一个冷脸。婷婷怔了一下，妈妈伸手就搡了自己一把说："你这孩子怎么这么不大方。"结果婷婷的手一滑，手里的几根磁力棒掉进了刚搭好的房子里，因为磁性作用，把刚才的所有成果都毁掉了。婷婷急的一下哭了出来，妈妈就一边赶紧把婷婷拉过来哄，一边却用手拧了一下婷婷的胳膊。婷婷吃痛，哭得更厉害。"这孩子，房子没搭好，就哭了，你们看看脾气多大。"妈妈跟闻声进来的客人解释道，把责任都推到了婷婷身上。"她只是觉得我哭让她没面子才哄我，她心里真正是在恨我，恨我让她没面子，恨她控制不了我，所以拧我。"婷婷很多年后才有能力解读妈妈当时的举动，心痛到崩溃。那件事之后，婷婷变得更乖巧了，很少反抗妈妈的要求，她不想让妈妈冷脸对自己，

更不想让妈妈拧自己。

在婷婷妈妈的心里，婷婷玩玩具时的快乐和成就感都是被忽视的，婷婷那个时候存在的意义是让自己在朋友面前有面子。只有婷婷满足她的这个需求时，婷婷才是值得爱的。不能满足这个需求的那个真实的婷婷，是不被看到的。“我觉得从特别小的时候，我就已经活在没人看见的深渊里了。”婷婷在黏稠的蜜里无法呼吸。

婷婷虽然看起来多才多艺，但她会用“不会玩儿，不会放松”来形容自己，觉得自己“干巴巴的”，像一个工具，而不是一个有活力的生物。虽然婷婷取得了令人羡慕的学业成就，但在婷婷自己的眼里却不值一提。“那就像别人给了你一根杆，你就努力往上爬，爬到头，然后发现自己终于被打磨成了一枚螺丝钉，可以装到在一个早就给你预设好的位置上了。”当她再也无法忍受这种虚无感和荒谬感时，婷婷开启了自毁模式，不去上学，不交作业，用拖延和消极对抗来应对一切，身体生病，重度抑郁，封闭自己不出去见任何人。她说那是一种“复仇式的矫枉过正”，悲怆而绝望。这是一种自杀式的反抗，“我要毁掉你们造的螺丝钉，就不让你们用”！

05 校园冷暴力，让青春伤痕累累

校园欺凌出现的诱因

这几年，校园欺凌行为引起全社会的广泛重视。当越来越多的影视作品、媒体报道出现在大众视野里，很多人才敢于说出自己的经历和这些“欺负”带给自己的心理创伤。

联合国教科文组织于2018年发布了校园暴力及欺凌行为的全球评估报告《校园暴力和欺凌：全球现状和趋势、驱动因素和后果》，调研数据来自世界各地144个国家和地区。

报告指出，校园暴力和欺凌主要包括身体、心理和性三个方面，有32%的学生报告受到过同学的欺负，男孩和女孩在受欺凌方面的比例相当，男孩和女孩都可能成为校园欺凌的受害者。而这些欺凌主要是由同龄人造成的，也有一些来自老师或其他校园工作人员。

我所做的《情感冷暴力调查问卷》的结果中，有30%的人选择了同学曾经对自己实施过冷暴力，这个数字和联合国教科文组

织的报告数字很接近，有19%的人有被老师冷暴力的经历，另外有14%的人承认曾对同学实施过冷暴力。

造成校园欺凌的原因是多方面的，社会、家庭、校园、个体因素都可能成为校园欺凌出现的诱因。

第一，因为“不同”。无论是哪种形式的不同，如外貌、体形、种族、国籍、肤色、宗教信仰、家庭条件、社会地位等，都有可能诱发校园欺凌。

陈维是“70后”。五年级的时候，学校组织演讲比赛。因为陈维平时作文写得很好，所以老师鼓励他去参加，但陈维不喜欢写命题作文，老师告诉他这次演讲比赛没有命题，写什么题目都是可以的。于是陈维写了一篇《给黄鼠狼平反》，说明黄鼠狼并不是大家眼中专门偷鸡的坏蛋，而是一种对维护生态平衡非常重要的动物。比赛当天，陈维恰好最后一个出场。他前面的同学演讲的题目不是歌颂雷锋就是学习邓稼先，不是写英雄就是写科学家，他越听越为自己写的题目感到羞愧，手心开始出汗，脑子开始发蒙。等轮到他时，原本烂熟于心的演讲稿忘得一干二净，大脑一片空白，不得不拿着稿子一个字一个字地念。他的题目刚一念出来，就引来同学们一阵哄笑，这让他更加羞愧，他用稿子遮住自己的脸，硬着头皮读完了文章。接下来的几天都担心别人因为这件事嘲笑自己。

在陈维儿时那个年代，孩子有自己独特的想法，老师和家长并不一定都是持鼓励和欣赏的态度，大家普遍觉得“随大流”更安全。陈维妈妈总是批评陈维的不合群和特立独行，并不会用“很有创造力”的眼光去解读他的言行。因此，陈维的不同带给他的并不是一种“我很独特、很优秀”的成就感，相反，当他和别人不同时，他体验到的是羞愧，而不是“看，我和他们讲的内容都不同，我很有创意”的一种自我肯定和骄傲。实际上，他已经内化了妈妈对他的批评，无时无刻不跟随着自己、审视着自己。

外貌上的不同更容易招致冷暴力。我还记得小学时，班里有一个皮肤有些黑的女孩，班里有男生就给她起绰号叫“黑猪”，以看她生气又无可奈何为乐。当时无论是老师、家长还是我们班里的同学，都觉得这不过是同学间开的玩笑而已，并未意识到这是对女孩的侮辱。

联合国教科文组织的报告指出，因为体形偏胖而受到嘲笑、侮辱在全世界都是非常普遍的现象，因为胖而被欺负，因为被欺负而对自己的体形更加不满，进而自卑，在社交上胆怯、封闭自己，更容易被孤立和欺负，形成恶性循环。

第二，家庭影响。《悲伤逆流成河》和《少年的你》两部反映青少年校园暴力的电影，女主角都是单亲家庭。在女主角遭遇困境和校园欺凌时，她们的母亲都没有能力在第一时间发现并保

护孩子。这样的设定并非没有根据，在破碎家庭环境中长大的孩子，如果缺乏关爱，更容易成为施虐者或受虐者；在有暴力环境的家庭长大的孩子，也更容易效仿家人，以暴力或冷暴力对待自己的同学。

小玲上初二，是班里的尖子生，考试次次第一名，一个总是考不过她的男生非常忌妒她。因为小玲戴眼镜，男生就给小玲起了一个“四眼恐龙”的绰号，而且每天在班里叫她、嘲讽她长得丑。小玲的父母是高知，对她的教育一直以来都是向善的，告诉她要好好学习，要与同学搞好关系，“静坐常思己过，闲谈勿论人非”，遇到问题多反省自己做错了什么。当小玲告诉父母男生给自己起绰号的事时，小玲父母也只是说不要理他，左耳朵进右耳朵出，要用考第一名来证明自己的能力。小玲父母没有意识到青春期的女孩子对外貌是很在意的，长时间被男生这样嘲笑，已经影响到了小玲的自信。父母并没有表达对小玲外貌的欣赏，帮助她建立正确的自我认知。父母让小玲用考第一名来证明自己，其实在某种意义上来说，是认同了男生对小玲的嘲讽，“我的确是不够好的，我需要做些什么来证明自己是足够好的”，潜台词就意味着“假如我不能考第一，也就无法证明自己是好的，那么我就是糟糕的，不但不漂亮，学习还不好”。所以在告诉父母自己的困扰之后，小玲不但没有得到父母的保护，父母的回应反而让她在心理上背负了更多压力，结果导致她的学习成绩也开始下降。男孩想打压小玲的目的达到了。

由于小玲只会反思自己，因此面对男生的恶意，她不会反抗，甚至一点儿气性都没有，只是觉得难过、委屈，不知道自己做错了什么。在父母的教育下，小玲是善良的，但善良不能作为单独的品质存在，在面对欺负时，需要有足够的锋芒来保护自己。

与小玲相比，威威是幸运的。三年级时因为父母工作调动，从乡镇小学转到市里上学，威威有很多地方不太适应，说话口音也比较重，班里有几个男生故意学他说话，嘲笑他。老师特意召开班干部会，让几位班干部帮助威威适应校园生活。当威威告诉爸爸班里有男生学他说话时，爸爸并没有让威威自己去解决这件事，而是在放学的时候来接威威，见到那几个调皮的男生，温和而严肃地教育了他们。之后，再没有同学因为他的口音嘲笑他。威威也很快适应了新的校园生活。

面对校园冷暴力，家长和老师的干预是非常重要的。家长要关心到孩子的心理需要，成为孩子坚强的后盾。在成人眼里，不过是孩子间闹着玩的欺负行为，但这对孩子的影响是巨大的，成年人不要简单以锻炼孩子的抗压能力或谁都这么长大的为由，推卸掉自己该负起的责任，而要评估孩子是否真的能够承受。只有

父母曾为孩子站出来过，在孩子将来的生命中，再遇到欺负时，他才会在心底有一个关于安全感的信念："自己不是孤单的，如果求助是能够得到回应的，有人是愿意为自己站出来的。"

第三，校园环境。联合国教科文组织的报告中提到，疏于管理、纪律松散的学校发生欺凌的现象要比纪律良好的学校高出7%，假如老师不能公平对待学生，这个概率会更高。

在校园环境里，由老师直接或间接施加的冷暴力对孩子的影响是巨大的。因为无论在心理层面还是现实层面，老师都是带有理想化色彩的权威。

当打小报告被合理化

我曾兼职给小学四年级的两个班上心理课。A班纪律很好，很有秩序，叫停的时候能及时停下；B班就比较活跃，不太容易安静下来，要花点儿时间维持纪律。我记得有节课程的主题是"让我做一回你"，教学目的是让孩子们学会换位思考。我在A班和B班都问了相同的问题："当我做得不好的时候，我希望同学怎么做，不希望同学怎么做？"我让他们写在纸上，然后分组进行讨论。纸条收上来后，我发现A班的好多同学写了类似的话："当我做得不好的时候，我希望同学可以提醒我、理解我，不希望同学背后把我名字记下来。"

而B班的同学，大部分写的是"当我做得不好的时候，我希望同学能告诉我、帮助我，不希望同学笑话我……”

收到这样有明显差异的答案，我自然会猜想它们是怎么来的。

从A班下课后，我跟同学们闲聊耽搁了一会儿，看到一个女同学手里拿着几张小纸条往黑板上抄名字，有些名字后面还有×3这样的字样。一群同学围着这个女生。我就问这些名字是怎么回事，女生说这些是班干部记下的上课不认真听讲、说话、下课打闹的同学的名单，记下后交给她，她负责统计后写在黑板上，这些被记名的同学除了名字要在黑板上“示众”，中午还要最后吃饭……

我听完，明白了“不希望同学背后把我名字记下来”的意思。虽然从效果上看，A班纪律的确好一些，但是这种由老师发动的同学之间的监察和检举，对监察者和被监察者都会带来伤害。

“打小报告”在小学阶段是非常常见的行为，不同的同学有着不同的动机，如可能确实遇到了已有经验不知该如何处理的事，或只是想跟老师亲近、说说话等，有经验的老师都会具体问题灵活处理，对“打小报告”行为本身既不提倡也不批判。

但当老师将“打小报告”的行为合理化，作为一条班级规则推行，这就成了一种权力。这样的规则首先破坏的就是孩子们对他人的信任。对监察者来说，破坏的是对他人的信心——我是否相信你在经过善意提醒后可以改正；对被监察者来说，

破坏的是对他人的信任——我是否相信别人是真心想帮助我，而不是仅仅为了羞辱我。

第二，影响同学之间的感情，甚至可能促成同学间的排斥行为。从一些同学的反馈，已经明显看出了对监察者的不满。常常被记名字的同学会联合起来对那些听老师话的“好学生”进行反抗和羞辱，而“好学生”也可能会抱团针对那些总被记名的同学。

第三，影响学生的自尊。我问了一个名字多次被写到黑板上的男生的感受，他说：“无所谓啊，记就记呗。”这样的回答一种可能是因为孩子在尝试调动自己的心理机制来防御羞耻感的折磨；另一种可能是因为过度通过刺激孩子的自尊心来约束其行为，反而导致了真正的麻木和无所谓。

我只想要你尊重我

陈维高一就辍学了，这么早就离开校园的现实彻底改变了陈维的人生道路，当四十岁的陈维回顾当年的辍学经历，仍然很难释怀。

陈维所在的中学是一线城市一所普通高中，虽然并不属于市重点、区重点，但校长的心气很高，无论在教学还是纪律上对学生抓得都比较严格，尤其迟到是绝对不允许的。每个迟到的学生，都会被值周生记下名字，在全校广播中通报批评班级和学生的名字。为了不影响班级荣誉，每个班的班主任又会制定相应对策来促进学生准时到校。陈维的班主任就要求所有学生比学校要求的到校时间早到半小时，这样既防止了迟到，又能利用早上时间进行早读。对于早读迟到的同学，班主任要求他们自己把名字写在黑板上，且一天都不准擦。

陈维就像小时候一样，虽然内心充满挣扎，但对问题总是有自己独立的想法。他不反对班级早读，但对要迟到的同学把名字写在黑板上很有看法。他们的班主任是语文老师，每周都会留周记，陈维就在周记中表达了自己的看法。他觉得把同学名字写到黑板上示众是对同学的不尊重，而且一天都不准擦，每科的科任老师进来都能看到，别的班的同学来串班也能看到，让人觉得很丢脸。因为早读时间比规定到校时间早半小时，所以同学们都要起得更早去学校，偶尔迟到几分钟也情有可原，能不能先口头警告，三次之后再写名字。

陈维言辞恳切，非常期待班主任老师积极的回应，没想到周记发回来，班主任只回复了一句："这是规定，必须遵守。"陈维很失望也有些不满，于是在下一周继续在周记里讲了自己的想法，认为只有真正尊重学生，才能让学生自觉遵守这些规定，制定规则的目的不应该是羞辱人。这次老师的回复惹恼了陈维："你这是在为自己以后迟到找借口！"老师的误解和对自己建议的"定性"让陈维非常愤怒。

因为心里有事没有睡好，第二天早晨他起晚了，来不及吃

早饭就往学校赶，结果还是迟到了。班主任看他进来，脸色非常难看，生气地指着他说："陈维你是不是故意的？非要跟老师对着干是不是？把名字写在黑板上。""我不写，你凭什么这么说我。""你不写，就去外边站着。""站就站。"

陈维在楼道里整整站了早读和一节课的时间，不满、愤怒和怨恨就在心里发酵。而且因为没有吃早饭，他的情绪更加烦乱。下课之后，班主任把他带到教研室，跟着年级组组长一起开始训他，他非常不服气，老师们说一句，他怼一句，越说越激烈，来来回回又说了将近两节课的时间。最后其他班的一个男老师也过来一起说他，这个男老师说话很难听，骂他"浑"之类的，陈维就开始和男老师对骂。

"突然，我就彻底崩溃了，我觉得特别委屈和愤怒，而且因为一直饿着肚子，血糖低的时候情绪就很难控制，我随手抄起一把椅子，狠狠地往地上一摔，上去就揍了那个男老师……"

当时老师们都吓坏了，把他们拉开以后，就叫了陈维的父母去学校。先是让陈维回家停课反省，之后又以殴打老师、情节恶劣为由，将他开除出了学校。之后，陈维父母虽然也托关系，又让他上了别的学校，但陈维走不出之前的阴影，有了非常强的厌学情绪，没坚持两个月就再次退学了，从此，再也没有回到过校园。

提及这段往事，陈维神色黯然："我承认自己打老师确实太冲动了，但刚开始那会儿，我真的只是希望班主任能尊重一下我们，我也没有想到会变成这样的结果。”

陈维的性格具有一定的偏执的底色，这让他在应对人际时缺乏弹性，当对某些事有自己的看法时，也总想把自己的想法贯彻到底。其实，他最初希望的不一定是老师接受意见、改变规则，而是自己的想法可以首先被允许、被理解和被讨论，对他来说，态度要比结果更重要。表达的背后有陈维渴望展现自己的需要存在。但班主任老师第一次回应没有对陈维想法的合理部分予以认可，也未对不合理部分予以澄清，只是简单地以权威、规则来压制，不允许他有自己的观点。这既挫伤了陈维表达的愿望，也激活了陈维对抗权威的部分。他的第二次尝试再一次被老师误解，被认为是要给自己找借口，这并不是陈维的本意，这样说也贬低了陈维的格局，他觉得委屈且生气。他迟到后老师说他是故意的，又给他扣了顶帽子。他之所以后来情绪越来越激化，始终不服软，主要是因为心里感到憋屈，想通过争辩让自己的委屈被看到，但这部分还是被忽视了，因此他表现得越来越强硬，老师们也越来越觉得他在故意捣乱，于是冲突就不断升级，最后不可收拾。

在校园里，来自权威的老师的贬低、讽刺、贴标签，孩子更容易认同。老师认为“不好”的孩子，在认同或抗拒的作用下，

会真的变成“不好”的孩子。就像陈维，假如当时班主任收到日记后的反馈是：“你是一个很有独立想法的孩子，遇到问题愿意思考，这非常好。我们可以开一次班会，大家一起讨论怎么做让大家可以自觉遵守学校规则。”我相信不会导致陈维之后的过激反应，他的人生也会改写。

总之，校园冷暴力影响孩子建立良好的人际关系，影响孩子自我同一性的形成，影响孩子形成稳定良好的自尊，需要引起全社会的重视。校园冷暴力既可能来自同龄人，也可能来自老师。当针对孩子的冷暴力发生时，家长和老师需要及时干预，成为孩子坚强的后盾，理解孩子面临的困境，并付出实际行动帮助孩子去解决所面临的问题，帮助其摆脱冷暴力并重新建立自信。

06 职场冷暴力：为了五斗米该不该隐忍

职场必修课还是赤裸裸的欺凌？

除了在亲密关系里和校园环境中，职场也是冷暴力高发的地方。在一些单位，有着极为复杂的办公室政治，能活得风生水起的多是在人际上颇有手段的人，以至于那些不谙此道的，或常在竞争中落败，失去升迁机会；或因人际问题影响工作；或心灰意懒退出职场。

法国心理学家玛丽·弗朗斯·伊里戈扬是研究职场上精神虐待的专家，她一直在致力于推动法国针对职场和家庭内部精神暴力的立法进程。她在《职场冷暴力》一书中对职场冷暴力的定义如下："任何属于虐待他人性质的现象都可定义为职场冷暴力（包括动作、言语、举动、态度等）。该现象表现为不断重复或自成体系的特征，对某雇员的尊严或其生理或心理健康造成了侵犯或伤害，从而使其职位受到威胁或工作环境恶化。"

鉴于职场冷暴力对员工身心健康及企业效率的损害，法国、

比利时、加拿大魁北克、南澳大利亚州和瑞典等国家和地区都有针对职场冷暴力的明确的法律条令。在亚洲，2019年7月16日，韩国《禁止职场欺凌法》正式施行。该法明文规定，用人单位或员工利用其在公司内的地位或关系，超出工作范畴，给予其他员工身体、精神和情绪上的痛苦或导致工作环境恶化的行为属于欺凌行为。除了在办公室和工作地点之外，在社交媒体、出差地点、聚餐场所及私下见面时出现类似的行为也将被认定为欺凌。

虽然法令的颁布让很多职场新人一致叫好，但一些职场“老人”却颇不以为然。他们认为很多被新人体验的所谓“欺凌”，其实是职场必修课，可以锻炼新人学会在职场上为人处世、提高情商。而且领导批评下属，经常是因为新人的确有很多需要学习和进步的地方，批评大多是为了下属的成长，如果总是要考虑下属的感受，下属的业务能力和抗压能力能成长吗？在从“弱者”角度来看待这个问题时，是否也需要考虑“弱者”自身需要提高的部分。这样的说辞听起来似乎也有一定道理，然而这种“为了你好”也极容易成为职场冷暴力隐匿藏身的外衣。

虽然我国尚未有专门针对职场冷暴力的法案，职场冷暴力这个词的含义也不一定每个职场人都能说清楚，但“穿小鞋”“搞办公室政治”“算计”“推诿甩锅”等职场常见现象其实大家都已熟知。在我所做的调查问卷中，有高达37.4%的人曾被同事施加过冷暴力，甚至超过了父亲的27.47%和母亲的32.97%，有22.09%

的人曾对同事施加过冷暴力。由此可见，在我们的身边，职场冷暴力也是常见现象。讨论和定义职场冷暴力现象，让我们可以将我们的遭遇用语言描述出来，而不是虽然遭遇了、承受了，我们却不知道那是什么、该怎么描述。当社会越来越重视职场冷暴力现象，相信相应的法律法规也会出台。不过，无论是否有法令出台，我们都需要学会如何保护自己。

办公室就是个小社会，人际间的各种竞争、攀比、倾轧、陷阱，都在这里光怪陆离地展现出来。有小圈子的拉帮结派，有排除异己的明争暗斗，也有力量博弈后的相互制衡。但总体而言，在一般情况下，职场冷暴力与亲密关系中的冷暴力在驱动力方面有很大不同。在亲密关系中的冷暴力往往以情感为驱动原因，而职场中的冷暴力则主要为利益驱动。公司、单位是一个为大家谋利的经济体，大家之所以聚在一起就是为了谋生、为了利益，因此很多职场人际问题的本质是为了获取和保障自身经济利益的斗争。

也有一些情况是情感与利益混杂在一起的，比如有人因与父亲之间的情结没有得到很好的处理，所以跟所有男领导都相处不好，无论对方对其怎么样，都会被其视为一个坏的客体。这个时候自身的情结和因现实关系对领导不得不服从的状态就纠缠在一起，可能会将领导正常的批评建议体验为严苛的迫害，进而使用消极怠工、丑化、架空等冷暴力方式反抗。再如有些人本身具有

自恋、偏执等人格特点，其人格特质可能在事业发展上是助力，让其更自信或更执着甚至为成功可以不择手段。但在人际关系上这样的人格特质就成了严重的短板，缺乏对他人的理解和尊重。一旦这一类人成了领导，就很容易利用地位优势对下级进行贬低、羞辱，或在工作中独裁专断、一意孤行。

在职场中，由于大家是利益共同体，因此个人化的情绪情结会在一定程度上被规章制度所压抑，就是再看这个领导不顺眼，该完成的工作还是得做完。个人的情绪是不能无限放大的，否则会影响做事的效率，这对企业来讲，是积极有效的。但也正因为如此，在具有一定等级性、利益互相牵制的职场中，情感被抑制，人性也就更容易被扭曲，造成冷暴力悄然滋长，心里不痛快，还要干活，这会极大损耗员工的身心。

在职场背景中，常见的冷暴力实施方式有与亲密关系中的冷暴力类似的方式，比如冷落、责骂；也有很多职场特有的方式，比如排挤、甩锅、摘桃等。在职场中，很多冷暴力并非是无意识的，而是因为利益驱动有意为之。甚至对一些人来说，对他人施加冷暴力是为了达到某种目的的处事策略。比如有些自恋或偏执的领导会认为不留情面地批评员工是在建立自己的权威，也是为了员工的成长着想。而有些员工或领导也会认为这样的人更有魅力、更有能力、更令人信服，本事大所以脾气才大。在某些环境下，似乎也到达了某种微妙的平衡，工作效率并未受到影响，或许这就是职场环境的特殊性。

所以，判定某种行为是否属于职场冷暴力，需要看此行为对当事人造成的后果和影响。很多经受职场冷暴力的员工会出现头痛、失眠、焦虑、恐慌和抑郁等身心问题，甚至因为遭遇职场冷暴力而自杀的事件也时有发生。由此可见，职场冷暴力绝不是“人际必修课”那么简单。

职场常见冷暴力方式

职场丛林中荆棘遍布，需要一些应对策略以保障自己的安全，即“害人之心不可有，防人之心不可无”。职场上常见冷暴力的方式有冷落、辱骂和排挤孤立等。

冷落

1.领导把我调了岗，经常让我干一些打印资料、整理文件等前台干的活，然后故意让我看到大家都在重要的工作岗位上忙碌，而我干的事与自己专业和能力毫不匹配。

2.我看起来是被升职了，但是我的下属有事直接越级向我的上级汇报，我的领导有事直接越过我，直接找我的下属，这让我感觉自己就是个摆设，没有任何存在价值。

根据《劳动法》，企业主动裁员需要承担一定的赔偿金，因

此，一些企业会使用“冷落”“架空”等冷暴力方式逼迫员工主动辞职。如遇到这样的情况，需要保持冷静，一旦情绪失控就会非常被动。

第一，反思自己是否存在一些需要改进的问题，如果确实是自己的问题，看看能否通过改变自己缓解这种情况；第二，及时寻找下家，变被动为主动，为自己多创造一些选择；第三，如果暂时不想离职，调整心态，利用被冷落的机会充实自己，提高自己的能力；第四，注意保留一些被冷暴力的证据，在辞职时，通过劳动仲裁，争取自己合理合法的权益。

与冷落类似的一种冷暴力是刁难，虽然表面上冷落是不再重视你，刁难是分配给你难以完成的工作，或对你的工作鸡蛋里挑骨头，但其核心都是一样的，目的就是让你难以承受，不得不走向对方预设的某种结局，比如离职。

辱骂

从小到大，连我爸妈都没这么劈头盖脸骂过我，已经三十多岁的我竟然因为一个文件改了七次没改好，又一次被老妖婆给骂哭了。

辱骂是最常见的一种职场冷暴力，大多是上级施加给下级的。需要区分频率、强度和是否伴有人格侮辱，如果是一两次的偶发事件，不能算冷暴力。从强度来说，不满、责备、批评、辱骂的强度也不同。只是就事论事的指责和伴有对人格的侮辱给人的感受也是完全不同的。

来自上级的辱骂可能有以下几种原因：

第一，和冷落一样，领导在使用让你无法忍受的方式逼迫你离职。这种辱骂带给你的体验会是愤怒的、憋屈的，你会感觉到对方在“找碴”，目的就是让你难以忍受。如果是这样的情况，你一定要注意保持冷静，应对方式可以参考“冷落”一节。

第二，领导由于自身压力无法化解，持续将情绪发泄到你身上。这种辱骂常脱离事情本身，往往带有明显指向性的人格侮辱，因为其目的就是发泄，只有让你感觉被贬低、被羞辱他才能达到发泄的目的。你会有强烈屈辱、委屈和愤怒的感觉，往往严重影响工作热情和效率。想辞职离开又很不甘心，因为你感觉自己并没有错，却要由你来承担后果这很不公平，就这样离开意味着一种认错或认怂。

面对这样任性的领导，我们首先要清晰认识的就是他发脾气的强烈程度与你没有关系。即使你有一些错误，也不应成为他发泄情绪的理由。一个心理成熟的人不该迁怒于人，不能因为你在他身边，就成为他的垃圾桶。其次要保留用还击来保护自己的权利，不能一味承接或忍让，否则你可能就会成为那个专门被捏的

软柿子。该为自己发声的时候要勇敢为自己发声，告诉领导他说的哪些问题你可以接受，哪些话你不能接受。虽然有时候你会冒着失去工作的风险去讲这些话，但从你长远的身心健康和人际关系的角度来讲，有力量为自己发声的意义远比留住一份工作还要大。

第三，在一些领导的认知和行事风格里，批评一个人意味着看重他，骂得越狠，越说明对他的器重。这种骂就事论事的情况更多，触及人格的部分多用贴固定标签的方式，比如说谁都是“废物”，而不会具体针对某人的某些细节去攻击。这种辱骂会让你感觉很没面子，但一般不会感觉强烈的憋屈和愤怒，可能会影响一部分工作信心，但有时被骂后你反而会想努力做好一些，以免再被骂。这类领导往往动机并无恶意，不太会处理情感问题，情感世界比较粗糙，很难感受到别人被骂后难受的体验。面对这样的人，我们可以尝试将其语气、态度和他要讲的问题分开来看，只看其合理的部分，忽略其态度。

我毕业后的第一任领导很没耐心、脾气特别暴躁，标点符号用错了都会被他骂，“猪脑子”就是他的口头语。当时我和同事不知道在背后诅咒了他多少次。忍了两年，终于决定离开。到了新公司，领导特别赏识我的能力，被表扬了几次之后，心里忽然有点儿不是滋味。虽然我学习成绩好，但自己也知道那只是会应付考试而已，并不等于工作能力。我考虑问题的严谨、做事的细心、愿意承担的责任感，甚至用过东西放回原处这些不起眼儿的习惯，都是被那个骂我的领导磨炼出来的。那天我想了很多，忽然感觉自己成长了很多，会从更多的角度去看一个人，也会从更多的角度去看自己正在经历的事。

排挤孤立

被排挤的感觉真是太痛苦了，大家一起出去玩儿，没有人邀请你，甚至当着你的面问其他人，就不问你；同事旅游回来给同办公室的都带了礼物，就没有你的；大家在聊天，你走过去，大家就开始各忙各的不说话，或干脆走开……

排挤孤立大多发生在同级同事之间。就像我们在家庭治疗中经常做的一样，我们需要看看这样的一个关系状态，我们自己为之贡献了什么？对方之所以会这样对我，我自身起着什么样的作用？

第一种情况，有可能你对公司文化并不认同，而其他人比较认同。比如有些公司在招揽客户的时候套路很深，虽然并不违法，但有时却游走在违背良心的边缘。假如你对这种套路并不认同，而其他人都无所谓，甚至会以谁更擅长使用套路为光荣，那么你就会显得格格不入，很自然会被排挤。或者是

你自己对他人的刻意疏远造成的，如果是这种情况，还是尽早离开不适合你的环境为好。

第二种情况，“木秀于林，风必摧之”。同事之间难免竞争，如果你的能力极为突出，平庸的人就可能会联合起来对付你，以消除他们因为你的存在而产生的劣等感。在这种情况下，如果你的工作本身并不需要太多协作，排挤只影响到你的情感体验，并不影响工作效率，那么在公司维持表面过得去的社交，做好自己就可以了。同事只是人生过客，不用强求发展成朋友关系，应该把情感重心放到家人、朋友身上。在这种情况下，“装傻”是很实用的职场智慧，他排挤他的，我只当没感受到，该打招呼打招呼，让他的排挤打到棉花上。虽不一定要做到《布袋诗》里的境界：“有人骂老拙，老拙只说好；有人打老拙，老拙自睡倒。涕唾在面上，随他自干了。我也省力气，他也无烦恼”，但这种并不跟对方纠缠的格局是可以借鉴的。

第三种情况，需要反省自身为人做事是否有欠妥当的地方，如是否做事没有分寸，说话不顾及场合和他人感受，比较以自我为中心，不太考虑别人的需求，爱搬弄是非等。长此以往，会逐渐被大家嫌弃。这时需要反躬内省，及时调整。

菁菁出生在一个大家族，爸爸这边兄弟姐妹四个，妈妈也有一个妹妹和一个弟弟。从小到大，她的叔叔、姑姑、舅舅、姨等各种亲戚在家里走马灯一样串来串去，谁家有什么事都在各种家长里短里变成公开的事和大家的事。进入职场后，她很有亲和力，很快和老员工打成一片。但半年后，她开始发现以前愿意和她一起坐地铁回家的同事开始借口加班或报了英语课回避跟她一起走；周末同事聚会也不再邀请她；中午在一起吃饭时，同事们往往也说说笑笑，却不跟自己太搭话。菁菁开始乱猜，觉得是自己年轻漂亮，跟领导处得好，被同事忌妒。她受不了这种不舒服的气氛就跳槽去了一家新公司，没想到这样的情况又重演了——开始很容易融入大家，但过上几个月，大家就对她敬而远之。这种状况困扰了菁菁五六年的时间。直到父母和她的众多亲戚开始不断插手她的婚恋问题，对她每一任男友评头论足时，她不堪其扰，才意识到在她的家族里，不存在“边界感”这个概念。没人懂得尊重别人的隐私，尊重别人的想法和感受。当她可以站在家庭之外看自己的家庭，她才开始明白自己曾经跟同事之间发生了什么——她跟同事在一起，也从不注意边界，过多地去问别人的私事。而且跟一个人热络起来后，就会很随便地把别人的私事拿出来点评一二。嘴不严、说三道四、过度干涉别人的私生活是职场大忌。菁菁在眉飞色舞讲别人故事时已经让听的人和讲的人都对她不满了，但她却没能及时觉察到，因为在她的成长环境里，这是很正常的关系状态。

第四种情况，有些时候，被孤立排挤只与孤立排挤他人的人群有关，与被孤立排挤者没有任何关系。排挤他人的群体中往往有一个核心带头的人，他有强烈的控制欲，希望他人都按照自己的意图，顺着自己的意思。当别人不按自己意图时，就会使用孤立排挤的方式去惩罚那个人。这样的情况在校园和职场时有发生。无论是老师还是领导，对破坏同学或同事团结，影响正常学习和工作氛围的人都是很不喜欢的。职场尤其如此，大家聚在一起是为了经济利益，领导需要对其带领的团队有一定掌控。玩弄排挤孤立这一套其实也是某种意义上的操控，领导并不愿看到有比他更能掌控局面和操控人心的人。因此，如果我们是被孤立者，要保持清醒，不要以情绪化的状态卷入进去，而是事事以公司利益为重，不因为人际问题影响工作，领导自然会看在眼里，在恰当的时候出手干预，和更大的公司的利益保持一致是最佳的应对策略。同时，你可以尝试和那些对你没有明显敌意，只是跟风孤立你的人建立友好关系。他们缺乏主见，往往只是因为害怕被孤立才去站队。当你一心为公、不会挟私报复，大家自然会向你聚拢。

总之，职场冷暴力与亲密关系中的冷暴力一样，都会摧残人的精神世界，损害人的身心健康。职场冷暴力的背后动机更多与利益斗争相关，常常是权力竞争、打压对手或实现某种目的的手段。在职场中，最终说话的还是能力。与亲密关系中的冷暴力不同，遭遇职场冷暴力，我们可以有更多的选择机会，如果环境确实让自己很痛苦，记住我们有权利离开。

在这一章里，我们讨论了什么是情感冷暴力，冷暴力具有主观体验性，我们的角色有可能在施虐者和受虐者之间转换。冷暴力中伤害的是我们的心灵世界，心灵的痛苦不是无病呻吟，不能一味去忍。冷暴力常见于各种关系中，如父母、伴侣等亲密关系。校园冷暴力和职场冷暴力在施虐主体、施虐方式、施虐原因、造成影响和解决办法上都与亲密关系中的冷暴力有所不同，所以在本章中都进行了单独阐述。后面我们将更多聚焦在亲密关系中的冷暴力，下一章先谈一谈在亲密关系中的冷暴力都有哪些常见方式。

第二章

情感冷暴力的常见方式

01 心理活动中的防御机制

情感冷暴力是在关系中互动的结果，要讨论冷暴力的方式，需要关注人与人的心灵之间是如何互动的。我们通过什么样的方式和他人链接，获得彼此之间的支持，又是通过什么样的方式彼此伤害。

上一章我们谈到，人际关系的核心是情感，尤其在亲密关系中，它表现得更为显见。一个人对一件事、一些言行有什么样的反应，并不完全由他眼睛看到、耳朵听到、手触摸到的人、事、情境来决定，而是由他内部和这个人、事、情境产生了什么样的情感链接而做出反应。比如有人看到一只狗，可能会心生喜爱，走过去摸一摸；有人却可能吓得尖叫、浑身发抖，蜷缩在一个角落不敢动弹。同样是看到狗，触发了两个人不同的情感，也就做出来完全不同的反应。在人际关系中也一样，朋友同时对夫妻两人说："哎呀，你们家的地擦得太干净了，我都不好意思踩进来了。"丈夫平时很自信，对他人的评价也更容易向积极面解读，

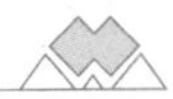

所以很自然理解是朋友对自己的赞扬；妻子平时则比较自卑，对他人的评价很敏感，总感觉他人是以审视和挑剔的目光看待自己，于是将朋友随意的一句话理解为朋友在挖苦自己好面子，特意在他来时才把屋子打扫得极其干净。妻子丰富的内心戏由朋友的一句话触发，她的反应主要跟她内在的情感相关，认为朋友是在取笑自己，这个感觉并不是朋友的，而是她自己的。

我们都知道“疑人偷斧”的故事。当我觉得你是偷斧子的人时，那么你的一言一行、一举一动就都表现得是一个偷斧子的人，这其实是一种投射，即“将自己的东西归结在别人身上”。

在精神分析的理论体系里，这类心理活动被称为防御机制，主要作用在于消化不愉快的情感成分，将其从意识层面消除掉。对主体来说，使用这些防御方式是对主体的一种保护，免于体验一些如焦虑、抑郁、愤怒、羞耻等不愉快的感觉。对客体来说，在主体使用这些防御机制时，却有可能体验到不适，比如我（主体）想尽快找到责任人，这样就不会因为把斧子弄丢了而自责和焦虑（排泄掉不好的情绪），于是认为（投射）邻居（客体）是小偷，那么邻居一定会因为被诬陷而不爽。虽然很多时候，主体是在无意识地使用某种心理机制，但对客体造成的困扰仍然存在。

其实，这些心理机制并没有什么玄妙的地方，放到我们的生活中看，就是一个人为人处世、和人互动的方式和特点。我们日常都在使用，只是没有使用“防御机制”这个名词而已。

我们每个人的心灵世界都需要各种防御机制保障其顺利健康地运作。越是在生命早期，发展出来的心理机制就更低级、更原始，如投射、幻觉、分裂等。随着我们的成长，会一点点建立起来较高级的一些防御机制，如否认、情感隔离、反向形成、压抑等。在复杂的人际互动中，我们更高级的防御机制也会逐渐成熟起来，如理智化、幽默、升华、利他等。越是低级的防御机制，对现实和他人的扭曲程度越高，比如有迫害妄想的精神病患者会认为别人对自己有敌意，想要杀害自己，这就是投射机制。越是高级的机制就越能将自己和他人区分清楚，现实感和关系适应性也就越强。如果一个人的心灵世界大多使用较低级的防御机制，无论他实际年龄多大，他的心灵可能停留在较早期的状态，或因为创伤退行到较早期的状态。越是较早期的防御机制，对世界和他人的歪曲越严重，也就更容易对他人造成伤害。

有人初听“防御机制”可能会产生一些疑惑：既然是主体的“防御”，难道不是向内保护自己的，怎么会向外伤害到他人呢？其实，防御和攻击是相伴生的。足球场上就有“进攻是最好的防守”之说。豪猪身上的长刺本为防御而生，但是谁说它不是一种强大的攻击武器呢？我们为保护自己心灵的稳定而防御时，却有可能在他人那里体现为一种攻击。

究竟人的心灵有多少种防御机制？心理学家说法不一，有说

几十种，也有说上百种，也有说不计其数。我在这里选择一些比较典型的、在主体使用时容易让客体体验为冷暴力的防御类型，将其分为投射类、否认类、被动攻击类。

02 第一类　投射类

投射类的核心特点是占据，即将源于自己的、并不属于对方的情感、冲动、需要、欲望等加诸对方身上，从而在看待对方时发生扭曲，就像用一面哈哈镜去看待对方。这些属于自身的情感、冲动、需要、欲望等，可能是自身更加看重的部分，比如某些善意的投射，也可能是自身知道但不愿面对的部分或自身压抑尚未觉察的某些情结。

将好的感觉放到对方身上，大多数时间会带给对方比较积极的体验。比如戴高帽子："你是我见过的最无私的人。"但这也会把对方架到一个位置下不来，时间长了对方也会不舒服。将坏的感觉放到对方身上，则必然会引起对方的不舒服，有时候会被人体验为一种带有敌意的攻击。再加入时间、频率、强度和个人承受水平等因素一起考虑，就有可能形成冷暴力。

你为什么不满足我的需要——抱怨

“抱怨”就是心怀不满，本质上就是自己的某种需求未被满足。当抱怨指向他人时，意思就是他人负担了满足自己这个需求的责任，同时要为未能满足自己这个需求负责。如果实在没有他人可以指向，我们还可以指向“命运”和“老天”。这么做的时候，指向我们自身的责任就减轻或没有了。

所以抱怨的背后往往有依赖的需求在里面。一个人的抱怨抛过来，如果我们想都不想就接住了、认可了，就意味着我们回应了对方依赖的需要，对他的成长不一定有益。这在亲子关系里尤其明显。

——妈，你看这都几点了，我都迟到了，你怎么也不早叫我啊！

——哎呀，对不起宝贝，明天我注意。

于是，安排好自己的作息时间就成了妈妈的事，而且是一个愿打一个愿挨。生活中大大小小的事积累下来，等到孩子被养成了扶不起的“秧子”，不能独立，妈妈会反过来怪孩子自己不争气。

晓黎抱怨父亲窝囊无能；抱怨母亲又情绪化又不讲道理；抱怨同事品位太差、眼界太窄，整天钩心斗角；抱怨男朋友没出息不会哄她……在晓黎的描述里，身边所有人都对不起她。她怨气冲天、长吁短叹，觉得命运对自己太不公平，为什么自己没有一个好的家庭，没有遇到一些优秀的同事，没能找到一个更有能力的男朋友。

然而事实真是这样吗？当然不是。晓黎使用了投射机制建构了她的心理世界。她将自己身上不愿意接纳的源于自己的部分投射给别人，认为她的人生困境都是由别人造成的，这样就不需要面对自己身上的问题，能保存一种我还是不错的感觉。这样的投射意味着对理想化世界和他人的失望，要是你们更好、更有能力，我何至于这样呢？现实都没有按我理想中的来，并不是我有问题，问题在于你们。

晓黎这样的心理过程能让自己不至于面对内心的痛苦，面临心理世界的崩溃，对她来讲是有一定意义的，但却会对关系造成巨大影响，让他人极不舒服甚至感到痛苦。大家在她眼里都是差劲的，都是被贬低的，谁能忍受得了呢？所以晓黎不但和父母的关系不好，而且跟同学同事的关系都处不好，跟男朋友也是三天两头吵架，动辄分手。大家其实都在承受晓黎的冷暴力。当矛盾激化时，晓黎仍然会认为都是其他人的责任。她就像一个躺在床上的婴儿，如果自己不舒适了，一定是照顾者没有及时换尿布或

陪着玩儿。虽然晓黎已经26岁，但心理年龄还停留在婴儿期。她内心的逻辑是：我的日子过得好不好，都是由你们来负责的。

抱怨的核心逻辑是“我过得不好，都是因为你的过失”，它的目的是诱发对方的内疚感，从而实现情感控制。

还有一种抱怨或指责来自自我价值感低的补偿，通常通过反问句来实现。比如恋人之间经常说：“我为你付出了这么多，你怎么可以这样对我？”父母对孩子经常说：“我含辛茹苦把你养大，你怎么不能跟人家谁谁谁一样学习又好又乖巧呢？”或者“妈妈为了你才一直都没有离婚，我牺牲自己的幸福，就是为了让你有一个完整的家，你怎么不感恩？”

这种抱怨、指责在本质上是通过为你着想、为你牺牲来实现一种控制——我都对你这么好了，我都牺牲自己了，你不感激我，成为我期待的样子说明你非常没良心。当你感激我了，我才有价值，才有存在意义。他们认为如果为自己而活，是没有价值的。假如被抱怨或指责的人愧疚感被成功唤起，就可能抑制自己的真实需求去顺从对方。但大多数情况下，被这样指责和抱怨的时候，人通常会有一种被控制的愤怒感，很想还击：“我求你为我付出了吗？”反而很难像抱怨者期待的那样，产生内疚、感恩的感受。

抬高我自己的方式——贬低

贬低是指故意降低对一个人的评价，使这个评价与其实际水平不符。

来自大城市的小王在不赞成同事提出的观点时说：“在 × 城，我们可不是这么做事的”，暗中嘲讽来自外地的同事没见过世面。

年轻漂亮的晓丽获得了晋升机会，几位没有获得晋升的男同事暗中议论她十有八九跟男领导“有一腿”。

贬低经常用于所谈论话题无关的个人特质，比如人格、性别、动机、态度、地位、阶级或处境，作为驳斥对方或支持自己的理据。贬低的目的是抬高自己或让自己在比较中获得优越感。小王将同事的不同意见归因于他不是本地人，通过贬低同事没见过世面增强自己的优越感；晓丽的男同事认为晓丽晋升是因为美貌诱惑男领导才升职，这样就减轻了在与晓丽能力竞争上失利的挫败感。

贬低对方的目的经常是抬高自己，当在心理上把对方放到了较低或较差的位置，自己就待在了那个较高或较好的位置。所以，总是通过贬低他人来获得优越感的人，说明他的自尊缺少稳定感。如果在和他人的比较中感觉失衡，就需要通过贬低他人来

补给自己不足的自尊。

小华的舍友很毒舌。小华刚买了一个包，她瞥了一眼说："这样的包你都看得上啊。"第一贬低了包，第二贬低了小华的品位，潜台词是她的品位比小华好多了。

贬低往往含有忌妒的成分，所以当你发现某个人总是在贬低你，或许恰恰证明你有比他优秀的部分，以至于影响到他对自己的良好感觉。

小莹被公司评为先进个人，还要代表公司去参加电视台的节目。小莹把这个好消息告诉了妈妈，妈妈听了以后看了她一眼："就你，还先进啊？"面对小莹取得的成就，妈妈的反应都是类似这样的贬低。但是背着小莹，妈妈又会与亲戚和邻居吹嘘小莹有多棒。妈妈还总是笑话小莹头扁，头型长得不漂亮，每次在别人夸小莹好看时，妈妈就会补上一句："头那么扁，漂亮什么啊！"小莹一直不理解妈妈为什么会这样对自己，这让她非常难受。

小莹虽然已经感受到但始终不愿面对的一点是：自己的妈妈会忌妒自己。妈妈没有读过大学，且在年轻漂亮的年纪却因为怯懦自卑拒绝了自己喜欢的男孩，“下嫁”给了小莹爸爸，这两件事始终是她的心结。女儿的优秀和命运的顺遂总会刺激到她的自卑和自怜。同样，她在别人面前夸耀小莹的成就同样源于自己的自卑，她需要借助小莹的成就来增强自尊。那些女儿“超出”自己的部分是小莹妈妈无法由衷欣赏的。虽然她不会承认这一点，但从语言行为上，她就是在不断贬低女儿，将对自身命运的不满发泄在女儿身上。

在父母忌妒儿女的关系里，也有很多儿女为了不挫败父母的自尊，在潜意识中不敢活得比自己的父母优秀。或者当他们变得更优秀或日子过得比父母更好时，会同时升起强烈的内疚感，好像如果自己幸福就是对父母的背叛。

芳菲8岁时被性侵，妈妈不但没有好好安抚她、保护他，还警告她不许把这件事说出去，在芳菲的记忆里，妈妈经常用“没人要的贱货”“破烂货”等极恶毒的话来羞辱芳菲。

小琴妈妈在婚内多次出轨，经常在爸爸出差时浓妆艳抹出去约会。她看到小琴打扮漂亮的时候，会用“骚、浪、贱”等脏话羞辱小琴。

贬低加上人格上的侮辱就是羞辱，对人的贬低更严重、程度更强烈。羞辱刺激的是人的羞耻感，往往越是自身感到羞耻的事

情，在羞辱他人时越会不遗余力。

包丽的男友多次以包丽不是处女为由贬低她是“不干净的人”，并用其以往的情感经历羞辱包丽，让包丽承认自己是低人一等的、卑微的。他有强烈的控制欲，甚至要求包丽为他堕胎、绝育，并留下输卵管给他，以证明他们分手后包丽不会找别人。包丽在其精神操控下备受摧残却无力反击，最终无力逃出这段恐怖的虐待关系，自杀身亡。

习惯贬低他人的人有很强烈的权力欲，掌控他人可以让他们获得价值感。贬低和羞辱就是为了实现对他人精神操控的重要手段，一旦被贬低者认同了这种贬低，就进入了冷暴力者的精神操控中。反社会人格者常使用羞辱的手段操控他人。

源自美国的PUA（Pick-up Artist），本义是搭讪艺术，最初是为了帮助害羞内向的男性建立自信，让他们有能力和异性发展恋爱关系的方法。但后期被心怀恶意的人利用，转变为用来操控和陷害他人（受害者主要为女性）的陷阱。其关键的操控步骤就包括“自尊摧毁陷阱”，具体方法就是通过持续的贬低和羞辱对方，让对方的自尊碎裂、心理崩溃。

每次和老公吵架，他都会用非常极端的话来贬低我，抓住一些我做得不好的地方或考虑不周的细节，说我是一个“一无是处”的人，说我们俩之间的矛盾根本原因在于智商，说我是一个智商低到无法理解他在说什么的人。而在现实生活中，我是一家上市公司的高管，而他只是个多年没晋升的小职员。在我们很好时，他会说我是他的宝贝，还会在别人面前夸“我老婆特别有本事”。

贬低往往会和另一种心理机制“分裂”一起使用。分裂即无法完整地看一个人，要么全好，要么全坏。当分裂和理想化在一起时，妻子在丈夫眼里就是“特别有本事”的人；而当分裂和贬低在一起时，妻子又成了“一无是处、智商低”的人。妻子是同一个妻子，但在丈夫的眼里，则被分裂成了两个人。他无法看到妻子虽然很有本事，但也有考虑不周的时候；虽然有做得不够的地方，但是并不影响她有能力管理一家企业。在这样的贬低加分裂的攻势下，假如妻子不认同丈夫又不清楚丈夫为何这样说自己，必然会为自己辩解，或者攻击回去，两人发生激烈的争吵。还有可能妻子认同了丈夫，在心底开始怀疑自己，也无法接纳自己身上不足的地方，憎恨自己看起来“没用”或“智商低”的部分，试图只把自己“好的”“有本事的”一面展现给他人，那些无法接纳的部分会严重影响她自我感知的连续性、自我认同和自尊水平。

应对这样的贬低加分裂，最好的办法就是“不接招”，对方

的话就像一个鱼钩一样，所有的贬损就是为了激起你的情绪好让你上钩，以达成对你精神操控的目的。因此，我们就要学会“脱钩”，在心底坚信自己并非对方所说的那样，并严肃而有力地告诉对方：“我并不是你说的那样。”对对方不断抛出的情绪诱饵不予理睬、不予回应。只有“不接招”，才能真正接得住对方投射出来的贬低和分裂而不受伤害。

帽子满天飞——贴标签

四岁的浩浩正坐在地板上吃薯片，或者不如说在“玩”薯片。他用拇指和食指把薯片夹住，然后慢慢用力，直到薯片啪的一下碎了，掉了一地渣子。

保姆刚刚扫过地，有些气恼：“浩浩，阿姨刚扫完地，不要弄得满地都是啊。”浩浩正专心地从袋子里掏一片新的、完整的薯片，没吭声。

浩浩爸爸刚刚因为浩浩不听话的事跟妈妈吵了一架，看到这一幕，一下夺过浩浩手里的薯片包，提高嗓门生气地说：“浩浩，你怎么回事，你看你弄一地，这么不尊重阿姨的劳动成果，就知道祸害，你这样的孩子有人喜欢吗！”浩浩吓了一跳，一下蒙住，然后哇的一声哭了出来，嘴里喊着：“我没有，我没有弄一地……”

爸爸更生气了：“还说没有，这都明摆着还撒谎，我看你就是故意的，阿姨刚扫完地，你这么不尊重阿姨的劳动成果，罚你一星期不许看动画片，赶紧跟阿姨说对不起！”

浩浩一听不许看动画片，哭得更凶，死活也不肯道歉。爸爸更生气，抓住浩浩手，逼着他给阿姨道歉，一句一句教浩浩说，浩浩抽抽搭搭地跟着爸爸说道：“阿姨……对不起，我不尊重你的劳动成果，下回我记住了……”保姆反而有些尴尬，觉得浩浩爸爸有些小题大做，想哄哄孩子，浩浩爸爸用眼神制止了她。直到浩浩磕磕巴巴说完，他才放开浩浩的手，心里多少也有些满意，觉得还是自己更会教育孩子，这么快就让孩子认识到了自己的错误，也更加肯定就是因为妈妈和保姆总是在这样的小事情上放任孩子，才让浩浩变得这么任性。

浩爸和浩妈在没有生浩浩之前，感情还是不错的。但自从有了孩子，家里就变成了战场，总是硝烟弥漫，因为一点儿小事都能引发一场战斗。浩爸对自己教育孩子的方式非常有信心，他觉得妈妈太过宠溺孩子；浩妈却觉得爸爸在用“扣帽子、贴标签、讲大道理”的方式教育孩子：“平时他就这样对我，我就特别不舒服，怎么能这么对孩子……”

浩爸教育浩浩的这个过程，的确值得探讨。当浩爸看到孩子把零食渣子弄到地上后，给孩子连着贴了“不尊重”“祸害”“撒谎”“故意”几个标签。

我问浩爸："你觉得四岁的孩子吃东西掉渣，除了不尊重阿姨的劳动成果外，还有没有其他的可能性？"

浩爸被我突然一问，一时语塞。

一个四岁孩子的"掉渣"行为可以有很多解释：他可能就是在享受吃，并没有在意渣子的问题，更没有把阿姨刚扫过地和自己掉渣的事儿联系起来；还有可能他虽然知道自己掉渣了，但并不知道这些渣子是需要处理一下的；还有可能他很喜欢玩儿这些小渣渣，因为小孩子会有一个成长阶段对细小的东西特别感兴趣，出于探索的本能，才弄得到处都是。如果细心观察浩浩挤碎薯片的过程，他的确正在专心琢磨着什么，但是因为爸爸的粗暴打断，我们已经很难得知具体是什么了。

在所有这些解释里，因为"不尊重阿姨的劳动成果"才把渣子弄到地上，显然是最不可能的动机，这只是浩浩爸爸给孩子行为贴的标签。四岁的孩子，还不能直接理解"尊重"这个抽象的概念。怎样的行为是尊重，怎样的行为是不尊重，是需要在切身的体验过程中一点点理解的。

当爸爸说浩浩"不尊重阿姨的劳动成果"时，浩浩不一定听懂了爸爸说的话，他的反应更多的是来自感受到了爸爸的情绪，即那些非语言的东西，因此第一反应是用"否认"来保护自己免受爸爸愤怒情绪的伤害。但这反而激起爸爸更多的愤怒，并继续将浩浩的自我保护行为贴上"撒谎"的标签——其实浩浩并不能领会这些标签的含义。

我们梳理清楚孩子的内心活动后，就会发现，假如单纯地去看孩子的行为，处理的办法也会很单纯——看到孩子掉渣之后，只需进行简单的行为规范，递给他扫把和垃圾桶，告诉他把渣子收拾一下放到这里面即可。也可以做积极引导，让孩子看到阿姨刚刚扫过地，自己把渣子弄到地上，阿姨需要重新再打扫一次，帮助他将自己的行为和别人的行为关联起来。

让浩浩为他的不尊重行为道歉也是不恰当的，因为浩浩本身就并非是出于“不尊重”才这样做的。如果没有浩爸一开始就生气，浩浩也不会有出于自我保护的否认。浩浩当然无法讲清楚自己的内心活动，只会觉得非常憋屈，从“死活也不肯道歉”能看出浩浩是不服气的。虽然最后迫于爸爸的强势，浩浩道了歉，但他并不会因为经历过这件事而学会尊重别人，或者学会下次遇到同样的事时该怎样做，他只会感到混乱、不解和委屈。

浩浩爸爸希望孩子成为一个懂得尊重别人的人，这本身没有问题，给孩子讲道理也不是不可以，孩子的社会化过程都是在不断与成人学习做人做事的道理中完成的。浩浩爸爸的失当在于他并没有以身作则，让浩浩在体验中理解什么是尊重。当他一脸怒气地误解浩浩行为并且不听他解释时，已经是对浩浩的不尊重了。

贴标签并不会让浩浩学会尊重，同理心才是自我约束的基

础。比如每个小朋友都会遇到抢别人玩具的情况，或别人不经过自己的允许，拿走自己喜欢的玩具的情况。这不起眼儿的小事，其实是最早的自己的欲望和社会规则发生冲突的情况。家长需要先允许和理解孩子的喜欢或愤怒，借此机会让孩子学会换位思考和同理心，然后告诉孩子在这种情况下正确的行为规范：要玩别人的玩具，无论多喜欢，都需要经过别人的允许；别人需要经过我们的允许，才能拿走我们的玩具。我们也可以在循循善诱中将“尊重”这个概念教给孩子。假如家长一开始就打孩子的手，然后生气地指责孩子怎么能抢别人东西，孩子因为未被家长同理，也就不能学会同理别人，不能学会尊重与自我约束。在这样的教育下，他或许会成为一个表面上非常有道德感的人，但内部会有很多挣扎，或者在某些不为人知的地方有极为不道德的行为，或者会为了成为别人眼中的好人而强烈压抑自己的合理需要。

很多心理学爱好者也特别喜欢给别人贴标签：“你简直就是一个‘巨婴’”“你这种人就是偏执”“你这是‘恋母情结’”，各种大帽子扣在别人身上，彰显出一种“我比你强，我比你懂，我有权利给你定性”的贬低态度。

除了贬低他人抬高自己外，“贴标签”的背后还有对失控的焦虑。当一个人的言行能被我所知的价值体系所界定的，我对他也就有了掌控的感觉。

我只看到我想看到的——曲解

曲解就是歪曲误解对方的想法，然后再针对曲解后的想法进行攻击，让对方无从辩驳。

一位朋友跟我说过一件事。她带五岁的儿子去一个马场玩，门票200元，可进去后孩子却坚决不骑马。一块儿去的其他家长，就觉得孩子太胆小，一直鼓励他勇敢点儿。可孩子还是不去骑，爸爸看见儿子这么㞞，很生气，上来就骂孩子㞞、杵窝子。朋友拦住了孩子爸爸，也没有跟着大家一起数落孩子，而是把他带到一边，温和地安抚他，然后问他为什么不想去骑马，没想到孩子说道："这里不美，和电视里不一样，没有蓝天、白云、绿草坪！"原来这个马场是土地，还有很多人工装饰的景致，孩子心里本来是一幅绿色而自然的画面，因为觉得失望所以才不愿去骑马，根本和勇敢不勇敢没关系！

爸爸为什么看到儿子不想骑马立刻就生气了呢？事后爸爸做了一些反思。因为在爸爸小时候，他的父亲总是教育他，男子汉大丈夫一定不能㞞。而这位爸爸性格自幼就偏温和怯懦一些，因为害怕被说㞞，他就会刻意让自己表现得更男子汉一些，而且对"㞞"非常敏感。所以当"看到"孩子不敢骑马（其实是主观臆

断）时，就触动了他这个“㞞”的情结，于是他立刻就生气了。如果他当时的怒气是十成，孩子不去骑马这件事只占了三成，剩下七成的愤怒是在复制自己父亲对自己的方式，而且这个愤怒其实也是指向总是逼着自己“不要㞞”的父亲的。

你的体验不被允许——否定情绪

我们在前面提到过：情绪是一种复杂的心理现象，一般认为，情绪是以主体的愿望和需要为中介的心理活动。当客观事物或情境符合主体的愿望和需要时，就会引起积极的、肯定的情绪；当客观事物或情境不符合主体的愿望和需要时，就会引起消极的、否定的情绪。情绪主要由主观体验、外部表现和生理唤醒三个成分组成。主观体验是一个人对不同情绪状态的自我感受；外部表现是情绪在面部、姿态和语调上的表情；生理唤醒是情绪产生时的生理反应，如心跳、血压、呼吸频率等。

有次我在厨房准备晚饭，手一滑，一把勺子掉在了地上。我往后退了一步，正好踩到擦地的布，我第一反应以为是踩到了猫，就“啊”地叫了一声。我爱人刚好进厨房，被我的叫声吓了一跳，他说：“你怎么老一惊一乍的，就不能控制一下自己。”我说这是我下意识的反应，没法控制啊！他说不可能，这都是可以控制的，你就是习惯了不控制。我解释说我当时以为踩到了猫，就吓得叫了出来。他说你想也知道不可能是猫，瞬间就能分清楚的，就是你自己不愿意控制自己。我当时感觉自己快要崩溃了，我自己真实的感觉不能被允许存在，我自己的本能反应都不能允许存在，他一定要否认我的感受，责备是我不愿意克制自己，那一瞬间我真的觉得自己快发疯了。

不同人对同一刺激有可能出现不同的主观体验、表情及生理唤醒，这些反应跟一个人的身体素质、神经结构、内部经验等都有相关性。我们正是由于具有这些独特的体验，而有自己存在于世界的感觉。假如这些主观体验被否定，我们的内部就会出现混乱。否定一个人某种真实的情绪，对个体来说意味着他的某些真实存在的部分被否定了，他会感觉仿佛自己是一种异类，好像自己的世界是“不真实的”，会产生一种严重地存在焦虑，这是一种很深的恐惧，一种“我不真实存在”的恐惧。

李敏在与男朋友闹矛盾后，用裁纸刀反复割伤自己，因此来接受治疗。她常常觉得自己活在一个虚假的世界里，一切都无法带给自己真实的感觉，唯有血流出的瞬间，她感到痛的时候才会体验到一种存在感。李敏并不是在父母的期待中出生的，妈妈未婚先孕，在各种压力下父母才结婚。父母将婚后所有生活的不幸都归咎于李敏。妈妈没有做好做母亲的准备，也不知道该怎么做

母亲，对总是哭闹的婴儿一筹莫展、非常厌烦而排斥。李敏回忆小时候自己很爱哭，爸爸总是说：“哭什么哭，怎么这么娇气，给我憋回去！”她长大了在学校被同学欺负，回家跟妈妈说，妈妈却说：“这有什么的呀，没什么大不了的，我小时候就没遇到过，就算遇见我也不会在乎。”她开始怀疑自己的感觉，好像自己的感觉都是不对劲儿的、不应该的，并为自己会有那些感觉而深深羞耻。为了不再被伤害，她以父母希望的样子来展现自己，她可以做到脸上对人在笑，心里在流泪，而让任何人，包括自己的父母，都看不出来。“我总是像个认真的演员。当我去爱时，我假装去爱，甚至假惺惺地对待自己——这描述的就是我。”李敏说。

在生命早期，我们是靠抚养者对我们内在感受的同频获得最初的安全感。小婴儿的情绪是与世界沟通的重要方式，表达自己的感受、需求和愿望。小婴儿因为饥饿哭泣，妈妈会及时喂奶；因为尿布湿了而不舒服，妈妈及时换成干爽的，宝宝就会感到世界是安全的、可以信任的，自己是被爱的、被呵护的，自己是有价值的、有存在意义的。假如一个小婴儿在哭闹时，妈妈无法同频宝宝的感受，无法承接和消化宝宝的情绪，小婴儿就会感觉世界是不安全的、不可靠的，自己也是不被爱的、没有存在价值和意义的。在生命早期，来自抚养者的感受同频对我们的存在感和安全感非常重要。

他被人发现的时候正一个人坐在河边，头埋在膝盖里哭泣。他因为事业危机陷入抑郁和强烈的自我怀疑中，但他却不敢回家，因为他的妻子看不得他愁容满面的样子，她会用尖酸刻薄的语气说他："瞧你那个倒霉德行，跟谁欠你似的，你还算个男人吗？"

闺密问我什么时候下定决心离婚的，那个瞬间我记得很清楚。我在生完儿子后得了产后抑郁症，提不起精神照顾孩子，总觉得自己是个坏妈妈，但又对别人的评价特别敏感，一个眼神都能让我崩溃。我跟老公哭诉这些的时候，他冷着脸听完说了一句："什么大不了的事，至于吗？都生孩子，怎么就你这么矫情！"我当时感觉有一把刀前心穿透后心，我知道如果我倒下去，我的后背是没有人的。回想之前每次我有痛苦时他的一言一行，我就像从梦里醒过来似的。这个人只能同甘不能共苦，我可以为他付出，但当我需要他时，他从里到外都是嫌弃、不耐烦的。就是那一刻，我不想继续和他一起走下去了。

在人生中那些暗淡脆弱的时刻，如果我们内心的感觉可以被理解，而不是被否认和贬低，都有助于我们走出那种感受。一位抑郁症患者在走出阴霾后对他的治疗师说："我非常感谢你在我最糟糕的时候没有试图去拉我、拽我，拖着我走出来，因为很多

人都在那样做。虽然他们是为我好，但那只会让我感觉自己真的糟糕透了。你不带评判的共鸣和理解，让我感觉那些糟糕的情绪、那些我极力想否认的感受是被允许的，我不用因为有那些‘不好’的感觉而感到怀疑、恐惧或深深的内疚和羞耻。”

释放焦虑的方式——评价唠叨

如果说贬低、羞辱像猛虎伤人，那么评价和唠叨就像蚊子在耳边嗡嗡，似乎威胁不大却又不胜其扰，加上时间的累积，评价和唠叨也会成为一种极为消耗人的冷暴力。

随便做点儿什么，我妈就在边上不断唠叨，比如擦个地，不停指点：你把墩布拧干一点儿再擦；你这样墩布还是太湿了；呦，今天这墩布拧得还挺干；你看说你多少次了，地弄这么湿……就是我怎么着她都得评论一番，再也不想干活了。

评价本身就是一种体现优越感的方式——我站得比你高、看得比你远，我比你有经验，我年龄比你大，我资历比你深等，都可以成为优越感的来源。与正常地给他人反馈和建议不同，这样的评价更看重的不是事本身，而是自己的评价是否能有机会说出来，是否能被听取和尊重，如果不满足这两个需求，很容易就转变成唠叨。

有些人并没有优于他人的本领，因此就靠点评他人来获得自尊。无论别人做什么，都要点评一番，“有资格”点评有本领的人，也就有了优于他人的感觉。

父母需要在孩子面前获得尊重和一定威严，当自身的能力和人格水平不能支撑这种自尊和威严，孩子不能由衷地佩服、崇敬父母时，父母就很容易试图通过评价和唠叨获得一种虚假的自尊和威严。

夫妻间自尊较弱的一方，如果极为渴望被认可、被尊重，但又匮乏可以获取认可和尊重的能力或条件，也会试图通过评价和唠叨显示自己的地位。

家里换了分类垃圾桶，婆婆还不是很熟悉分类，拿着从绿植上摘下来的枯叶子站在垃圾桶前犹豫该扔进哪个桶。儿媳在厨房外看见了这一幕，很轻微地叹了口气，什么也没说。婆婆抬眼瞅了一下媳妇，也没说什么，但是晚上却怎么也睡不着。婆婆与儿媳相敬如宾，从未正面发生过冲突，儿媳是高知，知书达理，从未开口说过任何对婆婆的不满，但婆婆却时常在一些细节里感觉到儿媳对自己的嫌弃，虽然她也说不清楚，但内心是憋闷的。

评价并不仅仅以语言的方式表达，相反，很多非语言的评价，如冷脸、叹气、皱眉、白眼等，让人更不舒服，也更难应

对。因为肢体语言往往带有一过性，瞬间就消失了。有时候你的身体捕捉到了对方的肢体语言，但你的意识只捕捉到了对方的语言，这个时候自己内在也会有矛盾，为了消除这种矛盾，我们常常会选择相信听到的，但大多数时候，我们身体感觉到的反而更接近真实。

从上高中开始，我爸、我妈就跟上了战场一样，恨不得抓紧一切机会对我进行思想教育，反反复复告诉我高考的重要性、努力学习的重要性，没有一顿饭不说的，结果搞得我高中三年在家里就没怎么好好吃过饭，听他们唠叨真的都有生理的恶心想吐。当时支持我的唯一动力就是考上一个外地大学，离他们俩远远的。

唠叨是释放焦虑的一种方式。如果一个人无法消化自身的焦虑，就会将其用唠叨的方式投放到他人身上，让他人帮助自己消化这部分。爸爸妈妈反复唠叨孩子高考的事，是他们自身在面临社会压力时产生了大量的焦虑无法排解，将其放到了孩子身上。结果孩子不但无法从父母那里获得任何可以释放自身焦虑的空间，要独自面对高考的压力，还需要再背上父母的焦虑，帮助他们去消化。难怪他每顿饭都吃不好，听父母唠叨听到想吐，那是在用身体表达“我实在装不下了”。孩子想逃离父母，不仅是一种自保，更是一种解脱。

然而亲人的唠叨造成的伤害有点儿像按摩，虽然有时候会被按得很疼，但时不时还会想念这种疼。因为适度的唠叨体现的仍然是一种亲近，是一种围绕我们的事无巨细的关心。往往是在这样的唠叨不再有的时候，我们才会怅然若失、怀念不已。

03 第二类　被动攻击类

相对于积极的、主动的、明显的、施虐的、敌意的攻击而言，被动攻击是一种消极的、被动的、隐蔽的、受虐的，但同样带有敌意的攻击形式来发泄对他人的不满。

被动攻击往往是在关系中由弱势一方（或位置低的、力量小的等）发起的对强势一方的（或位置高的、力量大等）攻击。他们心有不满却又没有力量直接表达或发动正面的攻击。比如木讷、懦弱的丈夫忘记了强势控制的妻子的生日；顺从的员工拖延领导交代的工作并犯了很多低级的错误；个人在出席集体活动时迟到很久来表达对团体的不满等。

发起被动攻击的人可以在表面上维系关系的和平，却在暗地里攻击对方，因此很多被动攻击难以察觉，有时被攻击者虽然感觉不舒服，但好像又说不出来对方什么。比如丈夫不会承认自己想让妻子失望，而会强调最近工作太忙，真的忘记了妻子的生日；员工不会承认并不想让领导的工作进展顺利，只会强调工作真的太多了做不完或那些失误不可避免；迟到的人也不会承认自己的迟到与对团体的不满有任何关系，只会强调路上堵车等客观因素。被攻击者虽然觉得有些不对劲儿，但好像又抓不到什么实际的把柄，贸然回击反而显得自己心胸狭隘、小题大做似的。

无回应之地便是死亡——不回应

想象一个婴儿可以通过机器自动供给基本营养，但无论他怎么感到害怕，怎么需要安抚，怎么哭喊，都没有人类回应，婴儿能活下去吗？这样没有情感回应的环境，足以虐杀一个婴儿。在我们生命的早期，我们依靠有所回应的环境才得以存活——妈妈温柔的声音、爸爸轻轻抚触让我们获得了安全、信任的情感体验。随着成长，我们第一次抬头，第一次翻身，第一次站立，第一次行走，第一次开口说话，我们在爸爸妈妈鼓励和赞叹的目光中获得自信和骄傲，在他们的双眸中看到让我们闪亮存在的光芒。当我们第一次尝试走远一点儿，回头看到爸爸妈妈在微笑地注视着我们，我们就安心了，就有力量去一次次突破自己，终于有能力走出安全熟悉的家。然后我们在老师和同学对我们行为的回应中学习更多的社会规则，增长自己的各项能力，为进入更广阔的世界丰满自己的羽翼。

在我们的人生路途上，离不开外界的情感回应。恰恰是这些回应，让我们感觉到自己的存在，让我们得以确认自己，让我们

在遭遇挫折时可以得到抚慰，让我们学会如何在这个世界上生存。假如我们在生命早期得到的回应恰当而充分，那么我们就可以内化这些来自外部的回应，让我们在无人回应时，也能有内心的声音可以回应自己。

心灵无法孤立存在，虽然在人生的不同阶段、不同情境下，我们需要的回应有所不同，但我们终其一生都需要不断在关系的回应中汲取营养。

也正因为有这种基本的需要，“不回应”才可能伤害到一个人。而在早年受过创伤的心灵，也会对“不回应”特别敏感，给他人造成很大压力。

和琳的恋爱，让他脱了几层皮。他说用一个字形容琳最恰当，就是“作”，没事找事，瞎折腾。比如各种突如其来的分手：本来晚上约好了朋友一起吃饭，琳突然不给任何理由就说不去了，让他自己去，他只好自己去了。可回来琳就和他吵架说分手，吵半天才知道是因为下午他太长时间没有回琳的微信，琳觉得他根本不在乎她，所以才决定晚上不去吃饭了，而他竟然没心没肺地真就自己去了，更证明他根本不在乎自己，因此琳提出分手。

“不回应”者有意或无意忽视需要回应者的需求，以无视、沉默、打岔、模棱两可等方式予以回应，让需要回应者的需求受挫。

舍友利用业余时间考了一个健康管理师的证，考过以后很高兴地告诉我，我嘴上回应说："这证也没单位认，不用考的。"但我心里并不知道有没有单位认这个证，我这么说只是在忌妒她那种积极进取的样子。舍友似乎没在意我的小心思："嗨，有用没用，先留着呗，而且为了考试学了不少东西。"

武启说话总是模棱两可留半句，经常让他身边的人感到困扰，似乎他知道很多你不自知的地方，但他就是不告诉你。比如他会说："真的，平时很多小事我都不想一件件跟你掰扯，你这个人做人真是很有问题的。"然而当你问他哪些事有问题，有什么问题时，他会这样回应："算了，有些事吧，真的跟你说不清楚。"

武启的表达习惯并非来自一种含蓄或包容，而是在传递一种俯视的感觉——我知道的比你多，看到的比你高、比你远，思考的比你更深刻，你的想法和行为都在我的理解之内，被我所涵盖。我看得如此清楚，但是你却不知道，而且我也不会告诉你。这种看似回应其实没有回应的方式目的是贬低并操控对方。

"不回应"有时候也是一种人际策略，对于需要回应者提出的过分的、贪婪的、依赖的或无法满足的要求时，"不回应"造成的挫折给对方以自我反思的时间和空间，利于其成长。

伤敌一千自损八百——虐待自己

自我虐待指的是一种自己伤害自己的行为，既包括肉体自虐，也包括精神自虐。肉体自虐，如用刀片划伤自己、用针扎自己等自残行为，或连续熬夜加班，或明知某些东西、某些事对自己健康不利但仍然坚持使用或进行等。精神自虐，如明明很害怕但还是要看恐怖片，深知一段感情对自己只有伤害但还是飞蛾扑火等。

自虐的动因有很多：可能是早年施受虐关系的一种强迫性重复；是一种释放压力的方式；也有可能是在掌控外界不可得，而通过自虐获得自我掌控感。当个体无力进行正面攻击时，自虐也会作为一种攻击他人的方式。

我五六岁时，听大人说吃耳屎会变哑巴。有次跟我妈闹脾气，好像是我妈没给我买一个玩具，我就一个人在炕头上对着墙赌气。越想越气，就挖出一块很大的耳屎吃了下去。当时心里想的就是，我一定要变成哑巴，让我妈后悔死。当时是信以为真的，而且没有任何害怕的，就是一心一意要通过这样的方式惩罚我妈。

自虐者通过自我虐待达到攻击他人的效果往往基于以下几

点：第一，假设他人是在乎我的，我通过让自己痛苦的方式来让在乎我的人感到痛苦；第二，假设他人是有良心的，我通过让自己痛苦的方式来让他人的良心受到谴责，感到内疚；第三，假如我不采取这样的方式，是没有人会在意我的感受和需要的；第四，只有我受苦了，我才是值得被关注的，别人才会爱我，这是我跟他人的链接方式。

每次小芳提醒婆婆不要嚼完东西喂给孩子吃，或者别直接对嘴试奶的温度，婆婆都是不高兴的，但她不说话。这些类似小事积攒多了，她就会喊关节痛，严重到床都下不了了。然后小芳和老公就得有一个不上班，在家照顾孩子和她，类似的事情发生了两次之后，小芳明白了其实她的疾病就是一种攻击的方式，既能让他们感到不安、歉意，好像忽略她太多，又能让他们不得不放下工作，在某种程度上凸显她的重要性。还有一点，她可能在这个过程中，对他们也有一些报复的味道。但这个事情，还不能说破，撕破脸家里就更热闹了。小芳只能小心翼翼地哄着婆婆，尽量不让她不高兴，避免让婆婆用这样的方式来“惩罚”他们。

生病也是自我虐待的方式之一，无论是有意还是无意，生病可能会让我们达成某种目的，因病而获益。生病是一种示弱，通过示弱，可以换来更多的关注，从而增强自身的存在感。生病可

以让自己不去承担某些责任，却不会被责怪。另外，生病还可以有效激起对方的内疚感。

李敏这样描述第一次自伤行为：当时我和男朋友吵了一架，我觉得所有的血都往头上冲，他摔门就离开了，我冲着门大喊。从绝望、无助到崩溃，我抄起了放在门廊上拆快递用的裁纸刀，割伤了自己的手腕。我割得并不深，但是从血流出来开始，我觉得就像鼓起来的气球被刺破了一点，里面的气慢慢地向外释放。那种疯狂地要把我淹没的愤怒、绝望消散了，世界又恢复了平静。然后我拍了照片发给了男朋友：我就是想让他看看，他都对我做了什么，我是那么爱他，他却这样伤害我、抛弃我！

我们需要看到，用自虐去表达攻击的背后是深深的愤怒、无力和绝望。因为个人的愿望被忽视而愤怒；因为愤怒表达却得不到适切的回应而无力；因为这被忽视且无力改变的感觉让自己感到毫无价值和存在意义而绝望。

自虐经常是背水一战时的最后一搏，希望可以用这样的方式来摆脱无能为力的感觉，攻击和控制那个自己渴望链接的人。过激的行为里仍然饱含着对关系的依恋和渴望，但往往这样的方式会给依恋对象以沉重压力，让人更想远离。自虐者也会因为事与愿违而进一步感觉自己“搞砸了”，陷入更深的自恨和绝望中。

与性相关的被动攻击

性爱需要也是一种本能需要，性和谐在两性关系里非常重要，有需要的地方就可以挫败需要，因此，性也可以成为被动攻击的手段。

方晨的妻子经常抱怨、指责、贬低方晨，这些冷暴力让方晨与妻子在心理上的距离已经很远了，但妻子似乎并未意识到这一点。她贬低方晨，是为了宣泄自己在和小姐妹比较时的种种不满，宣泄之后，她的心情就会有所缓解。方晨面对妻子的抱怨，大多数时间默不作声。而妻子不清楚方晨因此而承受的巨大压力，不知道方晨因为这些日复一日琐碎的抱怨和贬低，已经在心底对她非常排斥。方晨针对妻子冷暴力的还击方法就是拒绝与她过性生活，他宁可用自慰的方式解决生理需要，也不想碰妻子。一是面对妻子，他在生理上真的无法唤起激情；二是他没有能力直接还击妻子，但当看到妻子因性生活得不到满足又拿他无可奈何时，他就获得了一种隐隐的报复的快感和自尊的平衡。

罗伯特·斯滕伯格的“爱情三角理论”认为，爱情的第一个成分是“亲密”，主要指的是在关系中那些彼此理解、支持、分享、温暖的部分；第二个成分是“激情”，主要指的就是彼此能

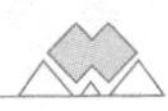

唤起对方性的渴望与冲动；第三个成分是“忠诚”，即在两性关系中的排他性，即彼此维护感情的决心。这三个成分就是爱情三角形的三条边。

按照“爱情三角理论”，只有“亲密”和“忠诚”的爱可以称为“相伴之爱”。在激情褪去之后，因双方在沟通、分享、支持上的持续努力，“相伴之爱”的双方可以继续维系深刻而稳定的爱情。当然这只是一种理想状态，现实中大多数的两性关系中，经常会因为彼此的亲密度降低，而影响性爱；或性爱不和谐，影响彼此的亲密程度；也有可能因为性不和谐的缘故，破坏彼此的忠诚。

因为羞耻感，在性生活上的不满常常难以直接说出来，这会让不满累积，成为积怨，并爆发在一些和性无关的事情上。

与性相关的冷暴力主要有以下三种形式：

第一，以各种理由拒绝发生性关系，来表达对对方的厌恶、嫌弃、距离感等，让对方产生“我没吸引力、我不惹人喜欢、我是令人讨厌的”等不好的感觉。

第二，在性爱中，只在意自己的快感，不顾及对方的感受，让对方产生“我像性工具、我的感受不被在意”等被物化和被忽视的感觉。

第三，用躯体化来表达拒绝，这是一种“伤敌一千自损八百”的自虐的被动攻击方式，男性会以阳痿、前列腺疾病、肾病等方式表达；女性则以子宫肌瘤、卵巢囊肿、阴道炎等各种妇科疾病表达。

玉洁38岁，已经结婚15年，儿子9岁。在性的问题上，玉洁比较保守，爱人是自己的第一个也是唯一一个性爱对象。爱人比较大男子主义，生活中经常对自己指手画脚，在性生活上，也很少注重玉洁的感受。她在性体验中获得的快感有限，第一次性接触，爱人比较急躁粗暴，玉洁感到自己就像被强暴了一样，身体痛苦、内心委屈。虽然玉洁很想告诉爱人她的感受，但她羞于启齿，导致爱人继续在性爱中忽视她的感受。几次之后，玉洁开始抵触房事，大部分时间只是配合爱人，爱人觉得她在床上“像个木头”。她也会在一些无关紧要的事上对爱人发泄因性事引起的不爽：“我知道是因为那件事，但我说不出口。”

玉洁年轻时身体就比较弱，时常胃疼，容易感冒，但通常不吃药自己扛过去。从12岁初潮，月经很少准时，高中痛经严重时几近昏厥，要吃止疼药才能缓解。工作以后因压力逐渐增大断续出现失眠，经前情绪明显烦躁易怒。冬天怕冷严重，晚上睡觉脚经常冰凉，次日早起仍然欠温。婚后因为爱人的大男子主义，两人时有争吵，玉洁也常感到胸闷，经前两肋憋胀，情绪非常烦躁易怒。生完孩子后，玉洁的痛经减轻，但月经仍然不规律，忽前忽后，小腹常年发凉。有了孩子以后，两个人因为教育孩子理念

的差异，吵架变得更频繁。身体虚弱、情绪不畅，加之在性生活上并无快感，玉洁更加排斥房事。但爱人在性方面有强烈需求，这让玉洁非常痛苦，甚至有时爱人碰自己的时候，自己会有生理上的恶心，心里只希望他快点结束。每次房事时都感觉阴道干涩，爱人进入时有明显疼痛感，后需要润滑油辅助才能进入。房事后常有少许流血，房事次日下腹部出现酸胀甚至疼痛，自感阴道有坠胀或牵扯痛，平时白带减少且时有豆腐渣状排出物。

三年前玉洁感到下腹部时有隐痛，按之似有硬块。体检发现多发子宫肌瘤，并有双侧卵巢囊肿、阴道炎、宫颈息肉。从此玉洁不再跟爱人有性生活，她有一种解脱了的感觉。

现在玉洁仍在治疗自己的妇科问题，每次月经结束后常无故悲伤，有时候会莫名大哭。她的脸色较灰暗，且开始长斑，腿部和手脚的皮肤都发黄且十分干燥。面对镜子里不到40岁的自己，玉洁觉得自己好像已经枯萎了。

玉洁的妇科疾病既是她长期身体问题累积的结果，也是她心理问题累积的结果。在某种程度上说，她的病是“被期待”来的，因为她长期以来没有办法在性爱中获得好的体验，又羞于去和爱人说，在面对爱人的性需要，只能委屈地配合。这个时候，疾病成了一个不再过性生活的合情合理的理由，她因此可以不再忍受身心的不适。尤其是性生活没有快感这件事会让玉洁有羞耻感，但她并不因为自己生病而羞耻，因此在跟爱人提出不能继续有性生活时，她可以更直接地说出来，而不需要伴随难以言说的羞耻感。不再与有性爱需要的爱人发生关系，也是玉洁对他长期忽视自己感受的惩罚。

然而他们关系中存在的问题能用这样的方法解决吗？显然不能。不但不能，还会让关系进一步恶化。玉洁在积极治疗自己身体问题的同时，需要调整自己对性的认知，明白女性可以在性生活中主动寻求和享受快感，丈夫也有义务改变自己的性爱方式来让妻子满足。玉洁并非只是在性的满足上感到难以启齿，她其实在生活中对自己的各种需要都是不敢去争取的，这才是她成长的关键。

04 第三类　否认类

拒绝承认现实——否认

方晨半夜在书房电脑上看成人电影，妻子看到问他在做什么，他关掉电影界面说："没什么，我查一些明天报告要用的资料。"当妻子暗示或直接抱怨很久没有性生活时，他会推说最近工作太累了，想早些睡。当妻子问方晨是不是对自己没"性趣"，方晨会否认并说妻子想多了、没事找事。

"否认"就是拒绝承认真实状况。如果并不"否认"，我们就会如实看到现实。比如方晨可能会说："总是被你指责、抱怨、贬低，让我觉得自己活得都不像个男人，对夫妻生活完全提不起兴致来。"

使用"否认"的防御机制时，通常都是个体无法面对一些令人羞耻、恐惧、焦虑、绝望等难以承受的情感或愿望。个体如果否认现实，就不需要面对这些情感。

郑强上班时，在电梯里遇到了一位女同事。女同事因要迟到而跑了几步，脸色绯红、头发蓬松，看到郑强时有些尴尬地笑了笑，郑强坚持认为女同事是对自己有意思，并将其拿文件给自己、分发节日福利等同事之间正常的行为都理解为对自己的示爱。在对女同事表白后，女同事明确告诉他自己并不喜欢他，但郑强否认女同事不喜欢自己的事实，认为女同事是对自己的“欲拒还迎”和考验，进一步纠缠不休，女同事不堪其扰。

失去现实检验能力的“否认”属于精神病性的表现，郑强的情况接近钟情妄想，那是妄想型精神分裂症的一种。如果具有现实检验能力，却仍然选择无视现实，就是在使用“否认”机制化解内在的冲突。

“揣着明白装糊涂”也是一种“否认”，但这样的“否认”是对世事洞察后的主动选择，而不是一种有意或无意对现实的防御。

否认也分为很多种——有坚信自己的“矢口抵赖”“死不认账”；也有自欺欺人的“掩耳盗铃”“睁着眼睛说瞎话”“嚼烂舌头当肉吃——自己哄自己”；还有口是心非或外强中干的“铁嘴钢牙铜舌头”“煮熟的鸭子——嘴硬”。

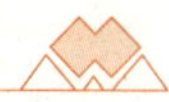

“这个人特别怪”是很多认识郑强的人一致的感觉。在人际关系上非常不信任别人，不讲人情，认死理、抬死杠，所有与自己不一致的想法都是对方在挑战自己，总感觉别人在与自己对着干，经常因为一言不合就跟人彻底断绝往来，别人对他也尽量敬而远之。他在家中也是说一不二，如果父母说的与自己知道或想象的不一样就是父母愚蠢。虽然在父母和同事看来，他的状态非常有问题，总劝他去医院看看，但郑强坚持认为自己非常正常，拒绝求医，并且认为心理医生都是有意无意地骗子，自己的知识面比心理医生广博得多。

死不认账的“否认”，其自身往往冲突不大、比较一致，但和外部的关系冲突很大，常见于偏执型人格障碍和边缘型人格障碍。他们极为“真诚”地相信他人就是自己眼中的那个样子，即使有诸多现实证据证明或他人极力否认，他们也会选择相信自身认定的部分。

小清的爸爸妈妈在她5岁时离异了。妈妈告诉小清去给她赚钱，赚很多钱就回来接她，然后就离开了他们所在的县城，一直到小清上初中，都没有回来看过她。每次小朋友问到小清她妈妈去哪里了，是不是不要她了，小清都会微笑着、很幸福地说：“我妈妈呀，在城里的游乐场里扮演公主，她可漂亮了，但是特别忙，尤其是大家放假的时候，那个时候她最忙就不能回来。但她会给我买好多好吃的、好玩的，还有漂亮的公主裙。”虽然她从大人的谈话里得到了很多碎片化的信息，比如妈妈再婚了，妈妈生了一个宝宝，但小清始终相信妈妈是爱她的，并且有一天会赚很多钱，给她买很多礼物回来找她。这个幻想支撑了小清很多年，让她不会因无情的现实而心理崩溃。然而随着年龄的增长，这个幻想受到现实越来越多的挑战，小清害怕从梦境中醒来，她将指向母亲的愤怒指向自身，认为是自己不好，不值得妈妈喜欢，并因此陷入重度抑郁中。

“睁着眼睛说瞎话”，眼睛功能是正常的，说的内容和看到的却不同，意识和自己的感受没有办法统一。小清看到的是妈妈不再回来，但她谈到妈妈时是“微笑着、很幸福地”，她使用了在幻想中否认的方式让自己可以获得稳定。“嚼烂舌头当肉吃”，想不想吃肉呢？想的，但吃不到外面的肉怎么办？营养没法从外部输入，只能靠自己的幻想生生地造出肉来，当成营养吞下去。有些幻想的确能帮助我们暂时渡过心灵困境，比如身处绝境的人通过幻想未来光明的日子来给自己希望；而拒绝承认现实的幻想却是一种自毁式的补给方式，因为幻想终会与现实发生冲突，这个时候，个体就面临着幻想破灭后的心理崩溃。个体在突遇巨大刺激、创伤时，也可能会出现退行，使用“否认”这种比较原始的

防御机制保护自己。比如家人因意外突然离世，家属可能会拒绝接受这个现实。

小耿总是独来独往。他觉得大学里的同学都很俗气，没有一个人能让自己有兴趣交往。但他也会感觉孤独，感到没人能理解自己，于是他到社会上参加了一个心理学兴趣小组。在初次与大家见面时他说："我参加这个小组的目的只是学习心理学，不是来交朋友的。"在小组其他成员越来越热络，并开始将话题从心理学延伸到生活各个方面时，小耿保持着与大家的距离，并不愿意开放自己，并再次体验到了与大学里一样的孤独感。当小组一起去吃饭聚会时，他借口自己有事拒绝参加；当他看到大家聚会时开心的照片时，又有一种深深地被排斥感，他感到失望、委屈和愤怒，于是他以要和几个舍友一起弄个大学生创业项目、没有时间再参加小组活动为由突然退出了小组。小组其他成员在不同程度上都感受到了一种攻击。小耿告诉自己："其实我真的不需要什么朋友，能享受孤独的人境界才更高。"

口是心非、外强中干的否认，往往是在防御强烈的羞耻感。小耿需要关系，需要与人建立链接，但他每一次尝试和他人链接的时候都伴随着害怕被拒绝、被排斥、被抛弃的恐惧和羞耻。因为无法面对这种恐惧和羞耻，他会在头脑中预设地被排斥、被抛弃发生前率先离开。只要有一点可能被拒绝的风吹草动，他就会选择回撤，退回到他一个人的世界里，在什么事都靠自己时，他是最有掌控感的，也是最不可能被伤害到的。

否认机制在使用时，在他人那里感受到的就是这个人在说谎，说谎也是亲密关系中冷暴力的主要方式之一。

故意隐瞒——说谎

说谎是在明知事实的情况下，故意对他人隐瞒、捏造以误导他人的行为。根据谎言的意图和目的，可以将谎言分为善意谎言、中性谎言和恶意谎言。善意谎言指的是那些对他人、集体、民族、社会等有利的谎言；中性谎言指的是那些无恶意的、幽默的、为了娱乐的或出于社交需要的谎言；恶意谎言指的是为了谋求某种利益或出于利己动机，故意伤害他人的谎话。

仅从人际关系的角度来看，善意谎言和中性谎言往往是社交的润滑剂，有时候不可避免。有人统计说一个普通人每天至少说25次谎，大多数是出于让别人感觉好一些、自我夸耀和自我保护三个目的。然而对于被欺骗的一方来说，无论对方说的是善意谎言、中性谎言还是恶意谎言，都有可能对欺骗一方造成伤害。可能相对来说，善意的谎言和中性谎言被戳破后伤害程度轻，恶意谎言的伤害程度更重。

小时候，大概八九岁吧，很怕黑，尤其是关了灯以后看到空调机上的红点，不知道为什么莫名就很害怕那个红点，可能像是动画片里怪物的眼睛。我爸那会儿总是不在家，而我妈可能那会儿有了外遇，每当我爸不在家时，她就总是出去。有次我爸出差，我妈晚上又要出去，我说妈妈我害怕，您早点儿回来。我妈说让我九点半就上床睡，她一定十点半前回来。我九点半就上床等着，开着灯，特别害怕。我盯着表，一直盯到凌晨三点，终于撑不住迷迷糊糊地睡着了。早上醒了，我妈已经回来了，我问她什么时候回来的，她说她不到十一点就回来了，回来看见我已经睡着了。我当时特别愤怒，好像心里面有个东西碎了，那种被愚弄、被欺骗的感觉让我再也没法信任我妈。

父母对孩子说的谎，恐怕是最多的，比如很多鼓励和赞美都是在善意谎言里完成的。然而假如父母是为了维护自己的权威、自己的面子、不面对自己的内疚感而撒谎，或把孩子当成“不懂事”而随意欺哄，则很可能会对孩子造成伤害，动摇父母和孩子之间的信任基础。

有次爸爸带着我去和朋友聚会，我刚上幼儿园。那天去了好几个叔叔阿姨，其中有一个阿姨挺漂亮的，我也很喜欢她，有点儿缠着她。然后爸爸的一个朋友就特别严肃地跟我说：其实我不是我妈亲生的，这个阿姨才是我妈妈，所以我见了她才特别亲。其他叔叔阿姨听了就哈哈大笑，跟着帮腔说对对对，我爸竟然也跟着笑，还让我叫那个阿姨妈。我当时就急哭了，那个阿姨倒是一直抱着哄我，一边骂他们一边让我别听他们胡说。然后他们就更起哄，说："看啊，人家对儿子多好。"我就使劲儿挣脱她不让她抱我，哭得撕心裂肺，当时感觉脑子特别混乱。后来我爸这帮狐朋狗友老是拿这个事开我玩笑，我每次都哭。长大一些他们就又开始拿我每次都哭来笑话我，说我小时候特别开不起玩笑。我后来感觉自己就是从那时候起开始对别人有一种敌意，内心就很不信任，好像自己是别人手里可以随便揉搓的玩意儿，但又特别不甘心任人摆布。有时候明明什么事都还没发生，就会有这样的一种预设，就好像我就是那个会被随意摆弄而毫无反抗能力的人。我到现在都无法想象怎么会有这么浑蛋的爹和那么无聊的成年人开一个三岁孩子的玩笑。

成人要无聊到什么程度，这样合伙去摧毁一个孩子对外界的信任？将痛苦的种子在别人心里种下，自己却在一旁取乐，然后风轻云淡地抛下一句"你也太脆弱了，这么开不起玩笑"来推卸掉自己的一切责任。

我父母总是撒那种所谓的善意谎言，从小到大都是这样对

我。我记得还没上小学的时候，我救过一只小麻雀，蜡黄嘴，在纸盒子里很细心地养了几天，泡小米、逮小米虫什么的，每天早上爬起来第一件事就是过去看它。有一天起来发现它不见了，就特别着急问我妈。我妈就说小麻雀长大了，能飞了，早上天一亮就从窗户飞走了。我当时半信半疑，有些奇怪它怎么忽然就会飞了，同时觉得如果会飞了挺好的。结果后来我们邻居家的大猫从外面垃圾堆里翻出来一只死麻雀被邻居小孩发现了，问我是不是我养的那只。我就问我妈，我妈就一会儿说肯定不是我那只，一会儿又说是不是刚会飞被猫给逮着了。我当时小，也弄不清楚，但就是心里特别难受，后来这个事就不了了之了，但我心里一直觉得不对劲儿。后来我推测一定是我妈早上发现小麻雀不行了，就直接给扔到垃圾堆了。是怕我没法接受小麻雀死了，还是怕死麻雀有传染病，嫌脏想赶紧处理，我也说不清楚，总之后来就编了个借口搪塞我。

后来类似的事情还发生过很多次，不经过我同意就把我捡回来的流浪猫送人了，然后告诉我猫自己跑丢了，后来被我发现又说是怕我养小动物耽误学习，是为了我好。我的一整箱漫画书，搬家时全给我扔了，然后告诉我是搬家公司不小心弄丢了。真是好巧，怎么偏偏弄丢的书都是他们不想让我留着的。

最让我伤心的是我奶奶去世时我正在读高三，他们为了不影响我学习，愣是没有告诉我。要知道是奶奶把我从小带大的，是我最亲的人。一直到我高考完，他们才告诉我奶奶已经去世了，让我最后一面都没见到，成了我生命中最大的遗憾。

我现在真的很难相信别人，我觉得没有人会真心对我，没有人靠得住，一切都得靠我自己。我与别人交往时总是带着怀疑审视的态度，我自己都知道那种信任特别难建立，好像总是在戒备着什么，而这全是拜我父母所赐。

德国有句民谚："半真半假的谎言最恶毒。"父母看似都是站在孩子的角度考虑问题——怕孩子知道小麻雀死了伤心；怕养动物、看漫画耽误学习；怕耽误学习隐瞒奶奶去世的消息。但只要仔细分析，就会发现，这些没有一件事是真正在对孩子的理解、信任、共情的基础上做的。孩子知道小麻雀死了，可能会伤心难过，但同时能体验生命的无常，从而更加珍惜生命。父母却宁可欺骗也不让孩子去体验这些真实的情感。同样，流浪猫和漫画书在父母眼里只是耽误学习的东西，但对孩子而言，有多少情感寄托在上面？以欺骗的方式夺走他人的心爱之物，不是一种犯罪吗？因为对象是家人，就变得投诉无门。隐瞒奶奶去世的消息，更是父母价值观的直接体现——在他们眼里，与社会成就相比，情感链接是无足轻重、没有意义的。他们也不相信孩子自身的情感调节能力。从小到大，他们所有谎言传递出来的意思就是：我不相信你可以做好这件事，我不相信你有能力处理好这件事。这

种“你不行”的感觉会让孩子不断否定自己、怀疑自己。不给予孩子选择的权利，代替孩子做出选择，然而痛苦和遗憾还是要孩子自己去承受，父母则可以用一句“我都是为了你好”来免除所有责任。

答应各科都考九十分以上，就带我出国玩，结果我真考到了，就说最近太忙了等各种借口不去了；说好了写完作业就能玩会儿游戏，写完了作业就变成了再练会儿钢琴才能玩游戏；说好了到亲戚家坐一会儿就走，到了就非得吃了晚饭才能走，“来都来了，得照顾一下人家主人的感情”……总之，没发生过什么大事，但这些小事上感觉父母就没在乎过什么叫承诺。我耳濡目染的，自己慢慢也这样了。后来我都工作交了女朋友了才对这个习惯有所觉察，我女朋友有次特别生气地跟我吵架说我总是随便承诺，说了又做不到，既然做不到那说的时候能不能想一想再说。我当时听了真是五雷轰顶的感觉，因为她喊出了这么多年我想对我爸妈说的话！从那以后，我就开始注意自己的这个毛病。我自己曾经如此痛恨他们这样做，却不知不觉间成为他们那样的人。

孩子总是会给父母一次又一次的机会，尝试着再次信任父母，父母却常常随意挥霍孩子的信任。

总结一下，父母在说谎时，常有以下三种逻辑：

第一，我们都是为你好，现在你不明白，长大以后你就会明白父母的苦心。

第二，跟他讲真话，他也处理不好，还不如骗他一下，他不知道，我替他处理好了就完了。

第三，孩子反正不记事的，骗了他很快也会不记得的，他不会记恨父母的。

然而，现实并不像父母想的那样，父母经常对孩子说谎，是对孩子的一种冷暴力，一根细针扎一下伤口不大，但不断扎就会留下难以愈合的伤口。孩子被父母欺骗后往往会有以下五种后果：

第一，丧失对父母的信任，进而泛化到对所有人的信任。总是怀疑别人对自己有所隐瞒，总担心自己会被戏耍、玩弄。

第二，对父母的理想化需要坍塌，会感到无人可以依赖，产生绝望、无力、不安全的感觉。

第三，精神上不能信任和依赖父母，现实中却还需要父母，心理出现冲突，攻击性很难指向父母，很可能转向自身，觉得是自己的错、自己的问题，才导致父母这样对自己，产生自卑的心理，甚至会处于抑郁状态。

第四，父母对自己的不尊重，潜移默化地影响孩子形成低自尊，认为自己是不值得被人尊重的。

第五，以上所有都会影响孩子的关系模式，在建立自己的亲密关系，包括朋友、夫妻、亲子关系等时，遭遇各种信任危机。

夫妻间的谎言

伴侣关系中的说谎非常普遍，大多数人都会为了显得自己对异性更有吸引力而说谎，比如男性可能会夸大自己在单位受到领导赏识的程度；女性可能隐瞒自己没那么喜欢某些性爱方式的事实，假装很享受性爱过程。伴侣间也常会为了呵护对方的自尊而说谎，比如男性可能会赞美妻子的厨艺，即使吃起来一般；女性可能会对爱人买的生日礼物表现得非常开心，虽然那并不是自己最心仪的款式。类似这些善意的谎言为亲密关系的融洽做出了很大贡献，是关系的润滑剂。

夫妻间是否该有隐私和私人空间，也是双方信任度和默契程度的体现。假如一方认为应该有很大私人空间，而另一方则认为对方的私人空间是对自己的不信任和隐瞒，双方就会因为这种不同的认知而对对方失望并产生争执。

意大利电影《完美陌生人》讲述了三对伴侣和一个离异单身的男士一起聚餐时发生的故事。大家决定当晚所有人都把手机放在桌子上，一起分享每一通电话、每一条短信和每一封邮件内容。随着一个又一个秘密的暴露，大家才发现原来枕边人竟然向自己隐瞒了这么多——整形医生罗科与心理医生伊娃的婚姻早已面临危机。伊娃对自己的胸部不满准备做隆胸手术，而罗科则瞒着妻子去做心理治疗，试图为挽回婚姻做最后的努力。两人在如何教育17岁女儿的问题上也有很多不同。另一对夫妻莱勒和卡洛塔已经有了两个孩子，但他们貌合神离，已经很长时间没有性生活。妻子对婆婆与自己同住心生不满，背着丈夫悄悄去考察老人院，还在网上跟人玩暧昧，而丈夫也会收到暧昧女士发来的大尺度照片。还有一对新婚不久的夫妻比安卡和柯西莫，本不想要孩子的比安卡对丈夫非常信任且正努力备孕，但柯西莫与妻子甜蜜的同时，却出轨伊娃，还让另一个出轨对象怀了孕。

伴侣间具有破坏力的谎言主要与忠诚相关，那会严重破坏亲密关系中的信任度。由于投射的作用，说谎者在欺骗他人时，对被欺骗者的信任度也会下降。也就是说，一个人会认为被他欺骗的人也会对他说谎，也不值得信任。比如一个出轨的丈夫更容易在妻子晚归时怀疑妻子偷偷去见情人而不是去加班，也就是我们常说的“贼喊捉贼”。

影片中得知对方秘密的伴侣，第一反应无一例外都是震惊和愤怒。的确，在被伴侣背叛时都会有被愚弄的感觉，会觉得自己非常蠢，为什么同床共枕，却未能察觉伴侣的欺瞒？在朋友们调侃柯西莫做的很多事情都失败了及怀疑柯西莫与来电同事关系时，比安卡都在帮助柯西莫打圆场，但后来却发现柯西莫确实与来电同事存在婚外情关系且同事已经怀孕了，比安卡完全无法相

信这个事实。在伴侣关系中，我们都会期待自己的伴侣是诚实、真挚的，彼此是相互信任的。我们不愿意相信伴侣会故意欺骗自己，因为这会让我们非常挫败和受伤。为了维护好的感觉，我们会倾向于认为伴侣所讲的都是实话，以增强自己对这段关系的信心，以及在关系中的幸福度。所以一些人会直到确定伴侣出轨后才幡然醒悟，回想起很多细节，自己当初并非没有留意到，只是选择了不去怀疑和继续信任对方。

伊娃在得知罗科去做心理咨询后，与罗科有过简短的沟通，罗科说他从心理咨询中学会了及时“拆除引信”，“不要为了占上风而把矛盾升级为战争”。他还领悟到“懂得让步的一方不一定是弱者，相反是个聪明人，我见过的那些能相守到老的夫妻，都是有一个人可以主动后退一小步，却是前进了一大步”。他们的沟通对伊娃显然是有触动的。在得知柯西莫除了自己之外，还有其他出轨对象后，伊娃将他送给自己的耳环还给了他，并在大家走后，拥抱了罗科。秘密的暴露，让双方有机会更坦诚地面对彼此。

电影的结尾也是意味深长，镜头一转，大家又恢复了往常的和谐——莱勒没有发现妻子底裤的秘密，柯西莫及时删掉了暧昧短信，伊娃对罗科去做咨询的事一无所知……暴露秘密只是在另一个平行时空中发生的事。在明月清辉下似乎一切都非常美好，那些发生在心灵阴影处的事继续在他们的婚姻中深埋，成为随时可能爆炸的雷。

在亲密关系中，因欺瞒造成关系破裂，修复的方式只有坦诚面对和宽恕。宽恕不是宽容，“容”是包容、接纳，而“恕”是理解、原谅。宽恕是当面对谎言、出轨和背叛，我们选择放下怨恨和报复，选择终结因为这些怨恨带来的对双方的惩罚，选择退出相互羞辱的恶性循环，但并非是忘记和接纳了对方的行为本身。做到宽恕并不容易，这也是为什么人们宁可拼命掩盖已犯下的错误，也不愿去面对的原因之一，因为得到别人的宽恕绝不是一件容易的事。

在本章中，我们梳理了冷暴力的常见实施方式，主要有投射、被动攻击和否认三大类。它们在人际互动中悄无声息地运作，在尚未觉察时可能就已经让承接者受伤了。在实际生活中，会有更多的方式可能被我们体验为冷暴力。假如一个人的内部非常脆弱，像我们一般讲的心理素质比较低，他可能就会像《葬花吟》里描绘的那样，感到“一年三百六十日，风刀霜剑严相逼”，将很多言行都体验为冷暴力。究竟冷暴力为什么会伤人？冷暴力又会造成怎样的伤害？我们在下一章里详细讨论。

05 小练习

《中国剩女》这部纪录片讲述了三位职业女性在寻找伴侣时各自遇到的困境。其中一位主人公是位女主播，她有一位控制欲非常强的妈妈。妈妈在她找对象这件事上干涉很多，她甚至觉得在这件事上80%都要听妈妈的意见。女儿喜欢，但妈妈不喜欢，就不可以。在与心理专家咨询后，女儿开始尝试跟妈妈沟通。在饭桌上，两个人有以下对话，请你分析两个人对话中各自使用了什么冷暴力。

女儿：我从小，你一直就控制我，从小到大我觉得好多事情我说不过你，我也反抗不了，就自己忍了，要不就自己特生气。（抽泣）有的时候我和我爸能聊到一块儿，我爸还挺关心我的想法的。我从小就觉得你与我们俩的想法不一样，我们俩都特别害怕你（哭）。真的，我和我爸我们俩都不愿意跟你吵，我们吵不过你，你知道吗？你不在，我和我爸在一起都挺和谐的，可好了，也不吵……

妈妈：那我说的都是不对的啊？

女儿：不是都是不对的，但在很多事上你与我们想法不一样，我们俩都挺理性的，我和我爸智商都比较高，我真觉得我和我爸脑子都比较聪明……

妈妈：聪明看用在哪儿哎……

女儿：我觉得我选的也不是都是特次的，特次的我也看不上，我又不是那种谁都能看得上的那种……

妈妈：嗯，你选的都行！

女儿：（抽泣）你都不尊重我们，你就是不尊重我们，我真的有时候就觉得我爸当初凭什么找你啊，我爸干吗要找你啊……

妈妈：你有意思吗，说这话？我们俩高价给你上的幼儿园、上的小学、上的中学，我们俩培养的你，完了现在我们俩一无是处。

女儿：我没有说你们俩一无是处。

妈妈：你不要跟我说了，我不跟你说了（起身离开饭桌）。整个一个来诉苦来了，好像有深仇大恨，我这个当母亲的就这样对待她，我给她买的房子、买的车，她一点面子都不给，给谁说都是把她给苦的啊……

女儿：本来就是这样的，那我怎么长大的呀，我就是因为怕你……

妈妈：还怕我呢！你坐那儿说了半天，我一无是处，你还要把我说成什么样？你怕我什么了，你怕我，你找对象，我不让你找南京的，你非要找南京的，你怕我什么了……

女儿：南京人怎么了，南京人怎么了……

妈妈：成了？

女儿：你怎么知道成不了？

妈妈出门离开。

我为读者提供了一些视角，供大家参考。

女儿：我从小，你一直就控制我，从小到大我觉得好多事情我说不过你，我也反抗不了，就自己忍了，要不就自己特生气。（抽泣）有的时候我和我爸能聊到一块儿，我爸还挺关心我的想法的，我从小就觉得你与我们俩的想法不一样，我们俩都特别害怕你（哭），真的，我和我爸我们俩都不愿意跟你吵，我们吵不过你，你知道吗？你不在，我和我爸在一起都挺和谐的，可好了，也不吵……【女儿尝试告诉妈妈，感觉到被妈妈控制又反抗不了的无力和对妈妈的害怕。她知道给妈妈提意见的后果，妈妈会不高兴，也可能会反击，所以女儿战战兢兢地带上爸爸一起说，给自己找一个盟友，并把妈妈和爸爸比较。女儿在陈述时使用了“一直”，这带有一种绝对化的否定可能会引起妈妈的不快。】

妈妈：那我说的都是不对的啊【妈妈没有回应女儿无力和害怕的部分，被比较后，她显然不悦，于是用反问的方式将焦点放在“你和我们的想法不一样”上，因为妈妈在这里感觉到了被指责，而且是女儿和丈夫在一起指责自己。妈妈将女儿用的“有时候”偷换成了“都”，加重程度，且使用反问的语气，以逼迫女儿在这里做出解释，此时话题就开始由她掌控了。】

女儿：不是都是不对的，但很多事上你与我们想法不一样，我们俩都挺理性的，我和我爸智商都比较高，我真觉得我和我爸脑子都比较聪明……【女儿果然没有再继续讲述自己的无力和害怕，开始徒劳地解释，并且因为感受到了妈妈的打岔和曲解，自己也有愤怒，开始使用贬低的方式回击。】

妈妈：聪明看用在哪儿哎……【启用模棱两可的回应方式，看似在回应，实际并未回应女儿想说的“其实我足够有能力”的部分，而是在暗示：“你们就算聪明，用的地方也不对，我心里明明白白的。”】

女儿：我觉得我选的也不是都是特次的，特次的我也看不上，我又不是那种谁都能看得上的那种……【女儿再次强调自己是足够聪明为自己选择合适的人的】

妈妈：嗯，你选的都行！【妈妈接收到女儿认为自己是非理性的、智商低的、不聪明的，心中不悦，用讽刺、挖苦的口吻说了反话。】

女儿：（抽泣）你都不尊重我们，你就是不尊重我们，我真的有时候就觉得我爸当初凭什么找你啊，我爸干吗要找你啊……【女儿听出了妈妈的讽刺和挖苦，内心痛苦，已经没有力量再去讲自己的无力、害怕和脆弱的被伤害的部分，这样的暴露只能进一步被伤害，因此开始用指责的方式回击，并再一次把爸爸拉进来，“我爸当初干吗找你”真正想表达的意思是“我希望你不是我妈妈”，表达对妈妈的失望。】

妈妈：你有意思吗，说这话？我们俩高价给你上的幼儿园、上的小学、上的中学，我们俩培养的你，完了现在我们俩一无是处。【妈妈涵容不了女儿对自己的失望，为自己感到愤怒和委屈，将话题转移到和女儿所说无关的事上来，引发女儿内疚来减轻对自己的指责。同时，使用的“我们俩一无是处”，把爸爸拉回自己的同盟。】

女儿：我没有说你们俩一无是处。【女儿被逼入墙角，内疚感让她只有否认和解释的余地。】

妈妈：你不要跟我说了，我不跟你说了（起身离开饭桌）。整个一个来诉苦来了，好像有深仇大恨，我这个当母亲的就这样对待她，我给她买的房子、买的车，她一点面子都不给，给谁说都是把她给苦的啊……【看到女儿已经产生内疚感，无力再指责自己，于是语言和非语言都发出中止交流的信号，并进一步在引发女儿内疚的方向上加强，又说了买房、买车的事。妈妈提到了

“面子”，女儿对妈妈的指责伤害到了妈妈的自尊。】

女儿：本来就是这样的，那我怎么长大的呀，我就是因为怕你……【女儿这个地方有犹豫，话说得模棱两可，可见内心的挣扎：你们给我的关怀是“这样的”，要不我怎么长大的，但我的诉苦也是“这样的”，因为那个“怕”也是真的。在女儿两三岁的时候一样，妈妈把不听话的女儿一个人留在了街上，所以在女儿的世界里，不听话就意味着被妈妈抛弃，为了不被抛弃，女儿要为妈妈的错误而心怀愧疚，才能换回妈妈的爱。所以在这里，假如认同了妈妈抛出来的“我是对你好的，是你不懂感恩”的意思，那错就又都是自己的，回到了重复的路上。】

妈妈：还怕我呢！你坐那儿说了半天，我一无是处，你还要把我说成什么样？你怕我什么了，你怕我，你找对象，我不让你找南京的，你非要找南京的，你怕我什么了……【妈妈再一次夸大女儿对自己的指责，同时否认女儿“怕”的感受，并举例说明自己的意见对女儿没有女儿认为的那么有影响力，否认自己的控制。】

女儿：南京人怎么了，南京人怎么了……【妈妈和女儿长期形成了控制和依赖的关系，妈妈干涉女儿，结果不理想时会推给女儿认为是她不上心；女儿在择偶上没有主见，结果不理想时又会将责任推给妈妈，认为是妈妈太控制、太干涉才造成自己的困境。当妈妈点破这一点时，女儿一时不知道说些什么。】

妈妈：成了？【妈妈讽刺女儿】

女儿：你怎么知道成不了？【女儿这时已经很无力了，谈话节奏完全是被妈妈控制的。】

妈妈出门离开。【妈妈直接开门离开，结束了对话。用不再回应给女儿最后一击，留下女儿一个人在没吃完的饭桌边上呆坐。妈妈再一次像小时候一样，在女儿痛苦的时候，扔下女儿一个人去面对。】

第三章

情感冷暴力让心灵遭受重创

01 为什么冷暴力可以伤到人

人性的本质

山火、蝗灾、地震等各种自然灾害和因资源争夺、歧视与偏见引发的暴力和战争持续不断地在人类居住的星球上呈现。人类这个物种在苍茫宇宙中明明如此渺小，我们甚至不知道自己从何而来、去向何处，不知道下一秒钟自己是否就会被因地震倒塌的房屋掩埋，却似乎表现得上天入地、无所不能。即使面临各种生存危机及深不可测的未知，我们依然心存希望、努力生活。汪洋星辰中的一粒灰尘需要怎样的力量才能去面对这种无限且未知的空寂？心理学家认为那就是“自恋”，自恋是人性的本质，人这个物种需要足够的自恋才可能存活，那是一种我可以存在、我足够好、我有价值、有意义的感觉。

在我们的文化语境中，大家对“自恋”这个词的感觉更偏负性，“自恋”总是跟那些自我感觉特别良好，有点儿自负、以自我为中心的人挂钩，我们对他们的负性评价就是“那个人太自恋

了”！但在精神分析自体心理学的理论语境里，“自恋”的内涵更偏中性或正面，“是一种借由胜任的经验而产生的真正的自我价值感，是一种认为自己值得被珍惜、被保护的真实的感觉”，是人“活力、意义和创造力的源泉”。人可以拥有健康自恋，也可能形成病理性自恋。我们文化中“自恋”的内涵更偏不健康的、病理的自恋。拥有健康自恋的人不仅有着连续、稳定的自信和自尊及创造力，而且也会因为对自身的确信在与他人相处时更能共情他人。“自恋”与人的价值感、胜任感、效能感及安全感密切相关。我们希望能被关注，希望自己有价值，希望对自己的生活、工作、角色，如父母的角色有胜任的感觉，所有这些“我能，我行，我棒棒哒”的感觉会让我们很愉悦，生命也会充满力量与活力。由于“自恋”这个概念在自体心理学框架下含义与我们文化中的含义不尽相同，为了不引起读者误解，我在本书中尽量使用在我们的语境里同样可以表达相似感觉的词汇，如自尊、自我价值感等。

我们并不是生来就有着健康自恋，这些感觉是在关系互动中逐渐发展成熟的。假如我们将自身全部的心理功能称为“自体”，那么这个自体要发展出统一完整、成熟健康的“自恋”主要靠以下三条养分输送管道来完成：一条是夸大表现癖自体，另一条是理想化父母影像，还有一条是另我需要。当然还有其他的供给渠道，在这里我们暂不一一讨论。能供给我们这个自体养分的功能被称为“自体客体”，供给夸大表现癖自体的被称为镜映自体客体，供给理想化父母影像的被称为理想化自体客体，供给另我需要的被称为另我自体客体。

刚出生15天的杉杉一觉醒来，一种凉凉的感觉让小屁股很不舒服，她开始大哭。妈妈赶紧跑过去，一摸，发现杉杉尿了，连忙换了干爽的尿不湿。可是杉杉还是哭闹，妈妈把她抱了起来，开始喂奶。杉杉叼着乳头，立刻平静下来。她感觉自己的需要可以得到回应，世界是安全的。吃饱了奶，她在妈妈怀中香甜地睡着了。

刚出生15天的杉杉需要理想化的父母提供给她足够的安全感，当舒适、吃饱的需要被满足的时候，她体验到自己是安全的、存在的、被爱着的。杉杉妈妈承担的就是理想化自体客体功能，为杉杉的自体通过理想化父母这条管道输送了养分。日积月累，温暖保护的妈妈在杉杉心里会留下影像，当妈妈不在身边的时候，妈妈的影像同样可以起到安抚的作用。杉杉在妈妈怀里平静安睡是她一生安全感、与他人建立信任关系的基石。

5岁的优优让爸爸把自行车的辅助轮去掉，练习骑车。爸爸一边保护着他，一边给他鼓励。优优摔倒了又爬起来。当他第一

次自己独立骑起来时，爸爸冲他竖起了大拇指，优优别提多自豪了！他从爸爸的眼睛里看到了欣赏和一个骄傲的自己，优优觉得自己很棒。

5岁的优优有被镜映的需要。当他被父母的目光注视，他的努力被看到，他感觉到自己是被喜欢的，自己的行为是被鼓励和欣赏的，在爸爸积极地回应中，他获得了应对挫折的力量。第一次站立，第一次行走，第一次骑车，这些对婴幼儿来说，都是无与伦比的成就，他们的夸大表现癖自体——与自我力量与自我展示相关的自体有被镜映的需要。爸爸眼睛里闪烁的光芒，让优优的夸大表现癖自体得以彰显并被回应。爸爸同频了他成功的喜悦，这个积极的情绪体验会进入优优自尊、自我肯定的“蓄水池”，为他的生命持续供给活力。夸大表现癖自体在经过恰到好处的挫折后，会慢慢落地为符合实际的理想和抱负。优优此时露出的骄傲的神情正是他日后可以拥有落地的理想和抱负的心理基础。

16岁的陈维对人生有很多迷茫和彷徨，他喜欢读书，也喜欢将所思所感写成文字。他很崇拜一位著名作家，读了很多他写的哲理性散文。有次他偶然知道亲戚认识这位作家，于是忐忑地请求亲戚帮忙联系能否见面，没想到作家很爽快地答应了。他们约在北海公园大门口，作家和陈维彼此都没有见过，但在大门口他们一下就认出了对方。作家认真倾听了陈维对人生的思考，也读了他写的文章，告诉他自己年轻时也曾有过相似的迷茫和探索，那些经历都成了他日后写作的素材。作家给了陈维很多鼓励和肯定，并分享了怎么从一个文学爱好者成长为一个真正作家的经验。虽然这次见面后两人再没有见过，但这次见面在陈维后来的人生中始终带给他积极正向的影响。

16岁的陈维有被理解和找到知音的需要，当他知道有人有着和他类似的经历，就感到自己不再孤独。作家为陈维的另我需要提供了另我自体客体体验。“另我”，顾名思义，就是“另外一个我”，是一种我们与他人类似，自己属于某个群体的感觉。陈维从家庭中得不到满足的镜映需要和另我需要，但从作家那里获得了。这让他的自尊得以稳固，并在作家那里学习和提高了写作技能，借鉴了前辈成为作家的经验。

两个月大的杉杉一觉醒来，一种凉凉的感觉让小屁股很不舒服，她开始大哭。累了一天的妈妈刚想睡一会儿，又被吵醒，心烦意乱，她没有一点儿心力去抱杉杉，于是喊爸爸去看看。爸爸上了一天班也非常疲惫，他不耐烦地热了奶过去喂，但杉杉怎么也不吃，哭得更大声了。妈妈听了更加烦躁，埋怨爸爸：“你

就不会抱抱她，别让她哭了吗？”“我怎么没抱啊，我这喂她奶呢，她不吃！”“要你有什么用啊，你说你干什么行啊？”“我又怎么了，你在家不上班，带个孩子你都带不好，整天哭……”埋怨声、争吵声、哭声混成一片，直到杉杉哭得累了，疲倦地睡着了，尿布还是没有换。

杉杉的父母这时陷入了自己的情绪困扰里，无法回应杉杉的需要。假如这样的情况持续不断地发生，杉杉在自己不舒服的时候就无法得到恰当的回应来帮助她调节不适的感觉，父母没有为杉杉提供理想化自体客体功能。缺乏抚慰的杉杉要独自调节那些令人困扰的负性情绪，这超出了她的能力范围。多次重复这种挫败之后，杉杉可能会放弃对自己不适的体验，从表面上看起来，她会变得安静，没那么容易哭闹，父母甚至可能会因此而高兴。但他们可能无法意识到孩子的精神内部已经受到了创伤，这个创伤的影响会在杉杉长大的过程中逐渐显现。比如可能出现不愿跟他人互动或情绪极难安抚，或者特别依赖抚养者，很难忍受分离等情况。

1岁多的优优刚刚学会走。他第一次自己走，自己蹲下去，自己从路边捡起了一根小木棍，激动得举起来给奶奶看。奶奶赶紧抢过来扔掉：“咱不捡这个，这个脏、扎，优优乖，走，奶奶带你坐摇摇车去。”优优不干，急着想说话又说不出来，非要再去捡那个小木棍。奶奶拦着不让捡，优优“哇”的一声哭出来，奶奶也急了，打了一下优优屁股：“这孩子怎么这么不听话，那个脏！走了走了，坐摇摇车去了。”

自体客体功能除了有对负性情绪的调节作用，对积极正性的情绪也有调节作用。如果回应恰当，可以令那些积极正性的情感体验变得更有活力。当优优第一次靠自己的力量捡起一根小木棍时，那个成就感不亚于运动员登上珠穆朗玛峰，这样的比较毫不夸张。只是优优奶奶完全无视了优优那一刻的激动和兴奋，优优展现自己能力后所需要的镜映自体客体需求已经被忽视了。之后，奶奶还用剥夺优优行动成果的方式挫败了优优，用打屁股的方式惩罚了这个为他带来成就的行动。可以想象，假如这样的挫败与惩罚反复发生，优优自我探索和自我骄傲的部分被反复挫败，优优会变得越来越没有自信和创造力。

26岁的陈维对人生仍然有很多迷茫和彷徨。这些年他一直尝试将所思所感写成文字。父母并不支持他写作，认为那不过是“瞎胡写、不务正业、耽误时间”，写作“没出路”。他的同学们喜欢在一块儿聊游戏、体育和综艺节目，但他都不喜欢，聊天也插不上嘴，这让他总有跟大伙儿格格不入的感觉。他把自己写的

小说放到网上，但阅读量很低，也很少有人留言评论。他加入一些小说群组，发现大家对一些穿越、架空类的小说津津乐道，而这些他既不擅长也不喜欢。有人看了陈维的小说后说太老套了，没什么新意，这让陈维很受挫，也感觉很孤独。每当这种孤独感袭来，他总是会看《肖申克的救赎》这部电影，主人公安迪强大坚韧的毅力，在孤独中始终心怀希望的勇气，最终实现自我救赎的故事带给陈维心灵的共鸣和力量。

父母不能为陈维的夸大表现癖自体提供镜映自体客体功能，他们很难相信自己的孩子是可以用写作谋生并在这方面取得成就的。因为在他们的经验里，独立的思考能力是不被鼓励的，甚至是危险的；非主流的生活方式更是不被欣赏且困难重重的。异于他人的想法可以被允许吗？不同寻常的生活方式可以活得幸福吗？时代并不允许父母自身这些呈现自己独特能力的部分顺利表达，他们的夸大表现癖自体也是未得到镜映的，也就很难镜映陈维的这个部分。陈维试图从朋友那里来获得补偿，希望能找到爱好文学写作的同类。不被镜映、没有归属感让陈维感到孤独，在成就自己事业的路上也更坎坷。“自体客体”并不是指具体某个人，而是指一种功能，我们可以从书籍、电影、旅行里同样获得自体客体功能，陈维就从《肖申克的救赎》这部电影里汲取心灵营养。

杉杉父母对婴儿需要的不同频和不准确回应；优优奶奶对优优展现自我能力时的挫败与惩罚；陈维父母对陈维的否定都是情感冷暴力，这些不回应、挫败和否定在本质上挫伤的都是个体的自尊、自我价值感，影响的是自体的稳定和统整。

心理素质的核心是自体感

每当青少年自杀事件见诸报端，总有人会扼腕叹息，有人会摇头不解，也有人会发出慨叹：“现在孩子的心理素质太差了，怎么说几句就跳楼了……”

为什么有人在经受挫折后很快陷入抑郁，有人即使遭受非难仍能保持乐观；有人当众出糗就会羞愧难当手足无措，有人却有着泰山崩于前而心不乱的淡定从容，这些似乎都可以归结为心理素质的强弱。

那么是什么左右着我们应对压力时的心理反应，心理素质的核心究竟是什么呢?

2019年春天，上海卢浦大桥，一个17岁男孩突然跑下车，迅速跳桥。紧跟的母亲没能抓住他，眼睁睁看着孩子跳了下去，她瘫坐在地号啕大哭，男孩当场死亡。逝者已矣，我们无从得知孩子跳桥前发生了什么，仅从行为过程来看，男孩显然处于情绪完全失控的状态，或者说，他处于一种自体感崩溃碎裂的状态。

什么是自体感呢?我们很难给出一个清晰明确的定义，因为

它存在于体验过程中，是我们对自己的身体和心理的一种综合的感觉。

比如，有天我准备当众演讲，特意为此穿了一件精致的白衬衫，结果上台前撞到了同事，一杯咖啡泼在了我身上。时间紧急已经没法换了，一瞬间我觉得非常慌乱，好像大家都在看我出丑的样子，准备好的演讲忘了一大半，满脑子都在想：怎么办啊，简直太丢人了。这种感觉就是自体感受到冲击，发生了动荡，并出现了轻微的碎裂。

很快我淡定下来，走上台对观众说："本来我今天穿了一件白衬衫，但同事说咖色才是今年流行色……"幽默一下，瞬间化解尴尬，随着台下观众哈哈一笑，我恢复了对局面的掌控感，更淡定和自信，所有准备好的词都想起来了。这就是破碎的自体感重新得到了统整。演讲结束后，同事称赞我说心理素质过硬，应变能力很棒。

通过这个例子，我们可以看到，心理素质的核心其实就是人的自体感，是一个人心理内容综合的、统整的、稳定的、连续的状态。

精神病患者在发病期间的自体感处于碎裂的状态，所以在发病期他们是不具备应对正常生活的心理素质。

还有的时候，自体的不统整体现在，我们心理的某一部分功能没有任何问题，看起来非常正常，但另一部分却像木桶里的最短板，总是让我们的人生陷入困境。那些短板就像心灵的碎片，它们的存在会以症状的方式表现出来。比如我独自工作时，或和家人、熟悉的朋友在一起时都感觉很轻松，但每一次见陌生人的时候，都有衣服上刚被泼了咖啡时的那种丢脸的感觉。这个生活的碎片影响了我的工作和社交，甚至让我无法谈恋爱，并逐渐侵蚀了我本身功能运转良好的部分，让我开始跟熟人在一起的时候也担心他们会怎么看我的社交恐惧问题。再比如，我的工作、社交、生活本都很顺利，但自从公司一个同事突然得了癌症去世之后，我每天都在担心自己是不是得了什么不治之症，这样的恐惧逐渐影响到了我的正常生活。以上这两个例子中的社交恐惧和疑病症状，都是自体存在未整合碎片的显现，是可以通过心理治疗来帮助其整合的。

对心理相对健康的人来说，自体感是连续的、统整的，但仍然会受到大大小小的冲击。当冲击大到超过了自体能承受的限度，威胁到了自体的统整，自体就会碎裂，各种心理内容会发生散乱，表现出的症状就可能是情绪失控、精神崩溃或以躯体化方式表达。散乱、失去统整的心理内容有可能会以投射的方式抛到其他人身上，比如恐惧的时候觉得身边每个人都要害自己；感觉自己差劲的时候觉得都是因为别人不好等。这个时候，被投射的人就会体验到被自体失去统整的这个人冷暴力了。

所以提升心理素质的关键是增强自体的稳定、连续与凝聚。

在前文中我们提到了，为自体稳定输送营养的三条主要管道：供给夸大表现癖自体的镜映自体客体，供给理想化父母影像的理想化自体客体，供给另我需要的另我自体客体。终其一生，我们都需要自体客体环境为我们的自体提供营养。只是在人生的不同阶段，我们所需要的自体客体功能会有不同。而且当我们内化了好的自体客体功能之后，我们就可以从已经内化的内部关系里汲取营养，不一定需要现实关系的出现。最典型的例子就是，一个安全感建立得很好的孩子，在上幼儿园的时候会更容易面对分离焦虑，父母不在身边的时候，用内化了的理想化父母影像来安抚自己。

冷暴力的作用恰恰相反，它会破坏自体的稳定、连续与凝聚。比如我们前面举过的杉杉的例子。当杉杉父母总是不能恰当地回应杉杉的需要，她就无法内化一个理想化父母影像到自己的心灵里面，也就很难形成自我安抚的能力。优优在展示自己能力的时候总是被挫败，也就很难内化良好的镜映功能到自己的心灵里，日后也很难做到自我肯定，可能总是会寻求外在的认可或对他人的评价非常敏感。

自体越是不强健，越弱小，越容易将人际中的一些互动体验为冷暴力；越是在关系中更多地体验到冷暴力，就会变得越退缩，自体感也会更虚弱，形成了恶性循环。有时候并不一定真的存在一个严厉客体，但主体就是会将其体验为伤害性客体。在冷漠和贬低等冷暴力环境中成长出来的脆弱自体，可能一个略带质疑的眼神就足以让其崩溃碎裂。就像一地鸡毛，即使是和煦春风，也会将其吹起来，对鸡毛来说，体验到的和狂风无异。这个时候如果责怪鸡毛太经不起风雨，鸡毛会更加无力和委屈。

强健自体的养成需要能提供滋养的自体客体环境。这样的滋养环境，是通过同频和共情性的回应来实现的。无法同频和共情性回应的环境就可能会被体验为冷暴力环境。

共情性回应的重要性

海豚出生后立刻就可以跟着妈妈游泳，藏羚羊出生半小时内就可以站立起来，相对这些动物来说，人类在婴幼儿时期相当脆弱。出生之后，吃喝拉撒都要依赖抚育者。一个婴儿饿了、渴了、拉了、尿了，都会哇哇哭，然后妈妈就过来回应，这是婴儿信任感与安全感建立的开始。

曼彻斯特大学心理学教授埃德·特洛尼克曾经做过一个非常有名的实验——静止脸实验。他让一位母亲先和孩子正常地互动，对孩子笑，回应孩子的探索，孩子非常开心，积极响应。然后实验者让母亲转过头去，再转回来时换成了一张面无表情的脸，无论孩子怎样尝试着引起母亲的注意，母亲都一直面无表情。

孩子发现母亲不对劲，开始想尽办法引起母亲的注意。她对

着妈妈乐呵呵地笑，做鬼脸，并用手指远方，努力找回那个先前与她一直互动的妈妈。但是母亲仍然面无表情。几次尝试无果后，孩子开始焦躁不安，最后崩溃哭泣。

妈妈赶紧与宝宝说话，宝宝这才慢慢稳定下来。

没有回应，即是死亡。在生命早年，能够同频婴儿的需要并被恰当回应的养育环境才能提供让我们心理存活并得以成长的那些情绪经验。

而同频和恰当的回应，需要抚育者的共情能力。妈妈需要有能力理解婴儿此刻的感受和需要的是什么。

科胡特给共情下的定义是这样的："一种能够进入他人内在生命的思考和感受能力。"可以看出，共情包括了思考和感受两个部分。思考是认知的、省察的、跳出来的；感受是情感的、体会的、卷入的。妈妈感受到孩子的焦躁不安，理解了他需要妈妈的回应，并知道自己这个时候需要给予的回应是什么，这是一个完整的共情过程。

对共情的需要是人的基本需要之一，是生物生存的需要。如果没有一个共情的环境，一个婴儿是没有办法存活的。除非有一个可以共情的环境，否则一个人根本没有办法确认自己的存在以及自己是谁。在生命早期，一个共情的环境意味着世界是可靠的、是可信任的、是可以预期的。

其实不仅是婴儿需要，从自体心理学的角度看，人终身都需要共情的环境。尤其是在我们承受痛苦和挫折的时候，也期待回应、理解和确认，这也是很正常的需要。

生存在一个几乎没有回应、没有共情、没有确认的环境中会让人产生一种令人恐惧的崩溃焦虑，这是一种最令人不安、近乎毁灭的焦虑。

共情性回应是如此重要，假如在生命早期拥有一个情感缺位、不回应、不稳定的妈妈或主要养育者，会极大地影响孩子的人格发展。

一个健康的母亲并不需要额外学习什么，她出于母性的本能就能全身心地关注到婴儿的需求，同频理解婴儿的需求并恰当地回应婴儿。然而这样的回应却可能会受到批评和质疑，被认为是在“惯着孩子”，这反而会让母亲产生自我怀疑。

我女儿出生后，既带给了我们很大的快乐也带来了很多挑战。我常和朋友开玩笑说亲密关系就像魔鬼训练营，让我们原形毕露，让我们看到自己的不足，逼着我们成长。

女儿出生前，我的育儿学都是纸上谈兵，真正开始自己带孩子的时候，还是不自觉重复自己接受过的那些教养模式，或刻板地实践书本上的经验。而且因为缺乏经验和切身领悟，搞不定的时候很容易看到什么理念就受到影响。

比如女儿半岁前，难免会闹觉。经历几次很挫败很疲倦的抚

慰后，我就到网上搜索相关信息，看到了在网上非常有影响力的“哭声免疫法”“延迟满足训练法”“婴儿独立睡眠训练法”等。当时看到这些文章就觉得这太好了，就是解决我所面临的问题的。于是我就想赶紧试试，但试了一两次就做不下去了。女儿在屋里哭得声嘶力竭，我在外面哭得稀里哗啦，妈妈的本能就让我觉得这么做太不靠谱了！

后来我深入了解了一下，才知道这些训练法来自很早期的行为主义，几乎是把人当机器一样去训练和塑造。行为主义的创始人华生，不知道他是否使用了这些方法去教养他的孩子，他的大儿子长大后因为童年不被回应、情感匮乏造成的创伤太过严重，几次试图自杀。

我很庆幸当时顺应了自己的母性，及时回应了孩子的哭声。之后我反省我为什么会对这种方法感兴趣，发现里面涉及一个核心问题，就是不让孩子哭，到底是在满足我的需要，还是看到了孩子的需要。婴儿的哭声就是她的语言，是她表达自己感受和需要的方式之一。我不想让她哭，其实就是在无视她的感受和需要。

共情能力具有生物学基础。科学家在人类大脑中发现一群细胞，即“镜像神经元”，这些细胞能够反映外在的世界，让我们具备社会功能。由于有镜像神经元的存在，人才能学习新知、与人交往、理解他人意图、体会别人的情感。人类认知、模仿的能力都建立在镜像神经元的功能上。如果镜像神经元受到破坏，认知能力就会严重下降，而且很难体会他人的情感。有研究说明自闭症就是镜像神经元细胞缺乏或不活跃造成的。

除了生物学基础，能够共情理解他人生命体验的能力还需要有过被共情的体验。如前所述，这种体验从生命早期就已经开始了。当婴儿感到渴了、饿了、不舒适能得到恰当的回应，那么这个婴儿就会有了最初的被共情的体验，这种与母亲间的“共情”感受会内化到婴儿的自体结构里，成为我们感受人性相通的基础体验。我们通过母亲对我们感受的确认，自己也与自己的感受产生了链接。妈妈告诉我们“宝宝饿了”，我们就知道了那个感觉叫作“饿”；妈妈告诉我们“宝宝不怕”，我们就知道了那个感觉叫作“怕”。这些对感受的命名都帮助我们与自己的主观体验世界连接。一个人与自己主观体验世界的连接程度，在回应他人时与自己感受的接近程度决定了共情能力的发展程度。一个人越贴近自己的感受，越不隔离自己，越能理解自己，就越具备共情他人的能力。

然而需要强调的是，在关系中经常使用冷暴力的人并不一定都匮乏共情能力。因为在自体心理学的视角，共情是中性的。科胡特清晰地阐释过：共情是一种在观察他人的过程中使用的价值中立的手段。“共情”可以出于各种目的使用，善意的，恶意

的，也并不一定意味着正性的反应。比如一些罪犯，其实是共情大师，他们能非常深入地共情到受害者的需求，有的放矢地引诱他们，从而得以顺利实施犯罪行径。比如我们经常见诸报端的针对老年人的保健品营销，就是深刻共情到了老年群体怕死、孤独的心理需要，一环扣一环地把老年人拉入消费陷阱。所以说，一些擅长使用冷暴力者之所以能伤害到他人，不是因为他们不会共情，有时候恰恰因为他们是共情高手，知道怎么做能够对他人构成影响并达到操控的目的。

总而言之，为什么情感冷暴力会让人的心灵受到重创？这是由于人的存在需要有足够的“自恋”来维系。这种自尊自爱、自己有价值、能胜任自己生活的感觉让我们的自体持续、稳定、统整而有活力。人在生命各个阶段都需要共情性的自体客体环境来为自体提供心理营养。冷暴力者制造的是一种非共情性的环境，不但不能提供自体客体功能，而且攻击人的自尊、自我价值，破坏自体的稳定、连续与凝聚。情感冷暴力创伤会造成各种复杂的问题，表现在精神层面、身体层面、症状层面、自尊层面、关系层面等，因为创伤的位置和深度的不同而有不同的表现。

02 情感冷暴力造成的伤害

我们的身心是如何处理心理压力的

每个人都会面临各种心理压力。心理压力，指的是人体对需要和威胁的一种身心反应，表现为一种在面对威胁事件或情境时伴随身体机能和心理活动变化的一种持续的身心紧张状态。

冷暴力也是压力的来源之一，它会让我们身心处于应激状态。什么是应激状态呢？我们可以想象一下非洲大草原上的瞪羚。在没有危险的时候，瞪羚在草原上悠闲地吃着草，当意识到危险的时候，它进入应激状态——它竖起耳朵，开始警惕。当猎豹开始捕猎，恐惧让瞪羚心跳加速，肾上腺素大量分泌，血液输送到四肢，全身的肌肉都紧张起来，迅速奔跑，逃离险境。危险解除之后，瞪羚又会在草原上带着适度的警觉安静地吃草，并不会一直处于应激状态。

对人来说也是一样的，适度的压力可以让一个人的精神处于相对比较兴奋的状态，可以促进人提高效率、激发潜能；假如压

力超出了人的承受范围，而且持续不断，就会让人持续处于应激状态。所以如果一个人长期处于冷暴力环境中，为应对这些心理压力，人会长期处于“马不卸鞍，人不解甲”的应激状态。

保姆带着2岁的小男孩嘟嘟在小区里玩，嘟嘟蹲在地上看蚂蚁，保姆在不远处和其他保姆聊天。小男孩蹲着蹲着就尿了一泡尿，然后用尿和泥玩儿，弄得满手满衣服都是，捏了一个圆球球跑过去给保姆看：阿姨，鸡蛋。保姆一看孩子弄得这么脏，还玩自己的尿，就打了嘟嘟屁股几下，把嘟嘟手里的泥蛋蛋扔了。嘟嘟本来是很有成就感的，想被保姆夸奖的，结果一下被打蒙了，又哭又闹。保姆也急了，又拍了几下嘟嘟的屁股接着训孩子：“你看你这么不听话，弄这么脏，等你爸回来我让你爸揍你。”嘟嘟的夸大表现癖自体受到创伤。

嘟嘟受挫之后，脑子里出现一种白日梦似的幻想。他幻想保姆是一个巫婆，然后忽然来了一个小仙女，把巫婆给打败了，嘟嘟嘴边浮现出一丝笑容，他内心的焦虑和恐惧的感觉被稀释了，得到了一些缓解。

但保姆的养育模式始终没变，一次又一次挫败嘟嘟，用白日梦幻想的方式已经没法处理那么大的压力了。嘟嘟晚上就开始睡得不安稳，经常做梦。他梦到自己来到一间全是蛋糕糖果的屋子里，他吃得玩得都特别开心。他白天的行为在梦中没有受到惩罚，而是得到了奖励。他还梦到杀怪兽或打斗，用以释放白天对保姆打自己的愤怒。他在梦中表达夸大表现癖自体的镜映需求并在梦中疏解自己的压力。

然而保姆施与的持续挫败感，让白日梦和梦境都无法消化掉不断累积的压力。无法消化又想要表达，嘟嘟的愿望开始通过各种症状的方式来表达。他本来已经能很好地控制大小便了，但忽然就开始控制不了小便，总是尿裤子。嘟嘟在通过退行的方式希望得到父母的关爱，但父母并不知道嘟嘟体验了什么，也跟着保姆一起说嘟嘟。家人越是说他，他越是控制不好。他还很难耐受噪声，在成人后依然如此，打电话时手机里有杂音都会让他莫名烦躁，有想发火的冲动。在经过很深的自我成长后，他才能将那些噪声和保姆嘶哑的谩骂联系起来。嘟嘟从小体弱多病，很难处理压力，被老师批评、被同学欺负都会让嘟嘟大病一场，常年处于一种非常虚弱的状态。

我们的身心是如何处理压力的呢？一般来说，面对压力，我们会调用以下三个系统去应对：第一是认知系统，即我们自体功能里认知的部分。我们会识别压力来源，分辨压力强度，分析压力影响，评估自身应对压力的能力等，从而评估如何应对压力；第二是社会支持系统，即我们的自体客体功能部分。我们可以借助信任的关系去释放或减缓压力，降低压力的冲击；第三是免疫

系统，即我们的自体功能里身体自体的部分。压力激发了身体的各种反应，我们的免疫系统如果功能良好，就能有效缓解和减低应激产生的躯体化症状。压力通过这三个系统的过滤，可以被我们所消化。假如这三个过滤系统质量都不好，那么压力就可能直接穿透我们。

比如我被领导不分青红皂白骂了一通，当时我不能回嘴，感觉胸闷憋气堵得慌，心里一直在暗骂领导今天抽风了，我又没做错什么，领导十有八九是在家受了老婆气而拿我撒气。离开办公室之后，我立刻跟要好的同事吐槽，得到了同事的理解和安慰，心情觉得好了很多，胸闷的症状也消失了。

当领导骂我的时候，我的压力消化系统已经启动了——我用在心里骂“老板抽风了”来缓解自己所受到的攻击，同时用给领导行为一个解释“十有八九是在家受了老婆气而拿我撒气”和“我又没做错什么”来稳定自我。这些反应是很自然就出现的，用于在压力出现时的自我保护。之后我动用了我的社会支持系统，当有同事能理解我的境遇时，他为我提供了自体客体调节功能，我感觉好多了。而我的身体免疫系统一直在工作，自动调节着我的应激状态，从憋气胸闷到最终恢复平静。

假如这个领导天天这样骂我，我的认知就会开始出现问题，我开始怀疑是不是我真的像领导说的是一个又没责任感又没能力的人。自我认知开始出现混乱，我的自我认知系统濒临破碎。由于我开始怀疑自己，所以我会变得更加退缩，不愿跟别人提及我所面对的压力，或在别人关心我的时候反而表现出厌烦。我害怕别人看到我脆弱的一面，或者进一步刺激我，于是我封闭了自己，跟谁也不谈。我的社会支持系统崩溃了。由于情绪低落烦闷，我开始失眠，食欲也不好，身体的免疫力下降，我开始出现各种躯体症状，比如皮肤病、高血压、胃病甚至癌症等。我的身体自体开始崩溃。假如我不能及时调整自我认知，恢复自体客体营养的供给，强壮身体自体，结果就是我被领导的冷暴力带来的压力彻底击垮。

人真的能被语言暴力逼到精神崩溃吗?

日本作家山田宗树创作的长篇小说《被嫌弃的松子的一生》刻画了松子令人悲叹的故事。虽然松子在小说中的他人眼里是丑陋而肮脏的，但作为上帝视角的读者，我们却看到了一个善良纯真的女性，一生渴望父亲的目光和微笑、渴望来自男性的爱，她试图讨好他们，却换来失望、侮辱、践踏和冷漠。她总是能乐观地重燃希望，却又一次次被命运无情捉弄。我们眼睁睁看着一个原本鲜活爽朗的生命逐渐暗淡熄灭。

读小说、看电影可以让我们以置身事外的安全视角窥视人性的黑暗，却不必亲身体会那些痛苦折磨。然而生活在比小说还要压抑的环境里的每一个真实生命，却永远无法置身事外。

茵茵刚满20岁，却已经是第四次住进精神病院了。谈起她的第一次发病，她非常痛苦。初二时因父亲出轨，父母离异，茵茵跟着母亲搬到外公外婆所在的城市，转学到了一个新的班集体。刚刚经历家庭剧变，母亲和她的情绪都很糟糕，母亲不但不能安慰茵茵，反而连自己的情绪都消化不掉，还整天拿茵茵撒气，骂茵茵说是她联合小三和爸爸一起骗自己，骂她是不要脸的贱货。

面对所有来自亲生母亲的辱骂，茵茵只能忍气吞声。她开始吃不下饭，整夜失眠，脸上还起了很多痘痘。白天在学校就像梦游一样，完全无法融入新环境。她干脆封闭自己，谁也不搭理。班上来了个“怪咖”，不但不爱说话还长了一脸红红白白的青春痘，一些不怀好意的男孩就给她起了个绰号“班花”，挖苦她的脸。外班的同学好奇：听说你们班新转来一个班花啊，然后在了解真相后一阵肆无忌惮的哄堂大笑。本来就没有心力适应新环境，没想到却被以这种方式推到了聚光灯下，对已被母亲折磨得痛苦不堪的茵茵来说，无异于雪上加霜。

茵茵对大家的羞辱没有任何反应，这反而刺激了一些同学变本加厉地想办法刺激茵茵。他们发现茵茵身上有股怪味，尤其偶尔开口说话时味道更甚。这是茵茵近期由于情绪压抑，造成的胃肠道功能紊乱而出现的口腔异味。这本就让她感到不适，现在被大家嘲笑更让她倍觉羞耻。在学校，她完全是麻木的状态，装作没听到没看见，但回到家里，她就完全垮掉了。有次在妈妈又一次无端冲她发火的时候，她也把自己的委屈吼叫了出来，换来的不是理解，而是妈妈的一句：“你还委屈，你还哭，我跟谁说去啊，不就被同学起个外号吗？有什么大不了的啊，你看你那个德行，至于吗？”从此茵茵再没有跟妈妈提过一句在学校里遭受的羞辱。

因为精神压力过大，茵茵很难专注在学业上，她的成绩总是全班垫底，因此也得不到老师的青睐。甚至因为多了她，大大拉低了班里的考试平均分，她感觉老师对她也是嫌弃的：“茵茵，你上课不注意听讲啊，这些我讲了很多遍的，你都出错！太不用心了。”

然后她开始出现幻听，无论走到哪里，都有人在骂她，家里、学校，无处躲无处藏，即使妈妈不骂她，同学不嘲笑她的时候，这些声音还是在那里。然而妈妈对她的精神异常丝毫没有在意，一次妈妈又暴风骤雨一样用“没用，一无是处，就不应该生你，你怎么不去死”这些恶毒的字眼儿骂她，她忽然血往上涌，全身颤抖，精神世界碎掉了，那是一种极为恐怖的感觉——自己裂开了无数的缝，那些谩骂毫无抵挡的如刀片一样刺进来，她狂叫着躲到被子里，疯狂地嚷着，想赶走那些声音。母亲终于也慌了，叫来邻居一起把她送到了医院。之后茵茵的人生就开始跟精神病患者捆绑在了一起。即使已经这样，母亲仍然觉得茵茵是在装疯卖傻，觉得茵茵的病给自己添了更大的麻烦，让自己混乱的

生活更加不堪，这些都是茵茵的错，于是每当茵茵病情好转，母亲又会一次又一次地刺激茵茵，导致她的精神状态不断反复。

精神分裂症的病因尚未完全阐明，目前较公认的观点是由个体易感素质和外部不良因素共同作用的结果。茵茵的母亲本身也具有一些精神病性的症状，但她否认自己的病情，一直未能就诊。有研究表明，由有精神问题的父母养育的孩子罹患精神类疾病的概率是没有精神问题父母的10倍。恶劣的家庭关系和身体、语言暴力都会造成精神疾病易感因素的上升，如遇压力过大就会发病。

茵茵的母亲是造成茵茵发病的主要原因，她不断将自己坏的部分投射到茵茵身上，将茵茵投射为一个要迫害她的、没有存在价值和意义的人。茵茵遭遇家庭破裂，又在学校遭受到以嘲讽和孤立为主的冷暴力，她自身就处于需要更多支持的状态下。然而屋漏偏逢连夜雨，母亲不但不能帮助其精神的屋宇稳固，还要再戳上几个窟窿，加上几阵暴风。茵茵并不是没有尝试过寻求支持，但妈妈的反馈让其寻求自体客体体验的尝试受挫，因此茵茵在学校也封闭自己，无法主动获取友谊，这是她在多次自体客体失败后对脆弱自体的保护。在茵茵的生存环境里，没有有效的能稳固其自体的自体客体功能链接，她彻底地被抛入令人绝望的黑暗。她的最终崩溃是持续的精神暴力的恶果，无论是来自家庭还是来自校园的压力能减轻一些，能多一点温暖、关心和支持，都有可能改变茵茵的生命轨迹。

躯体症状——无言的反抗

中医看待人的疾病，并不刻意区分身体还是心理。在中医的视野里，人的身心是一体两面的，也是互为因果的。很多生理性疾病都有着情绪的源头，心理疾病也有生理性的基础。就心理疾病来说，生理既是心理性疾病的缘起之一，更是相关症状得以维持的重要因素。最典型的就是胃病的身心表现。很多胃病常常源于长时间的紧张焦虑或委屈，导致患者出现胀气、疼痛、反酸；反之，几乎所有抑郁症患者都有胃病的基础。胃部功能的衰弱让身体无法获得自主调节心理状态的能量来源。患者心理的“无力感”，首先是生理上真实的虚弱状态。

身体症状既是身体承担压力的结果，有时也是在替个体表达无法用语言说出来的需要和愿望。西方心理学认为躯体化指一个人的情绪问题或心理障碍不以心理症状表现，而是转换为各种躯体症状表现出来的现象。

崔叔叔检查出肺癌后三个月就去世了。

崔叔叔给人的感觉很善谈，对很多事情都有兴趣。然而他的兴趣显然是在消磨时间，添补无聊与空虚。他常常在看电视时准

备一个小本，将类似“某某是某某老婆”之类的信息记录下来。某天他特意拿出小本给我们看，一边看一边自嘲道：“你们说我无聊不无聊。”他的家很乱，东西都是随手乱放，没有丝毫温馨、舒适的感觉。我第一次去给他爱人杜阿姨针灸时，临时给我拿了双一次性的纸拖鞋，结果就一直用了4个月，最后几乎脏、烂到无法穿了。并非家境不允许添置一双拖鞋，只是他们已经没有人有心力去在乎别人的感受了。对客人都如此凑合，自己的日子更是过得很不上心。过一天是一天，心里没有“盼头”，也没有“奔头”，整个家给人一种极为冰冷的感觉。

崔叔叔似乎照顾杜阿姨很尽心。每天大大小小的家务都是叔叔一个人做，还要熬药、带阿姨去看病等。然而这“尽心”又显然不是心甘情愿的。不知当初他们是如何结合的，但叔叔明显在心底看不起阿姨，常常当着别人面就讽刺、挖苦她。杜阿姨是工人，没有上过几年学，也不太有女性温柔，活得有些浑浑噩噩。她患有类风湿，已经卧床很长时间，无论我和她家人怎么劝，自己都不努力配合治疗锻炼，更不知如何打发每天的时间，只会抱怨自己的命不好，稍有空闲就管管儿子们的闲事。我是外人，看她总是如此，已经不太耐烦了。崔叔叔是教师，受学生的爱戴尊敬，有自己的骄傲，他总有些不甘心，觉得自己和爱人没有什么共同语言，还要屈从照顾，常常忍受她任性、糊涂的言谈举止。因此，虽然表面上尽心照顾，心中其实一直有不平怨气，这怨气碍着夫妻的责任，自己又无处发泄，终于积郁成疾。

崔叔叔查出肺癌后，终于能无所顾忌地说点心里话。他说开始几年，他照顾阿姨和老母时心态还平和，但这几年心中总有一个念头：“凭什么总得我照顾你们！”疲倦和怨气让他常想干脆撒手不管了，于是现在“愿望成真”，先于爱人离开人世。人或可以欺骗别人，但如何骗得了自己。有了得病的需求，于是就真的得了病。

我有一位女性朋友，她的爱人非常强势，很不尊重她的想法，不允许她表达。在她和爱人意见不同但又说不出来的时候，她立刻会呃逆不止。她多年都受胃病、乳腺疾病的困扰，他们的孩子则总是内热严重、经常积食，小小年纪，脾胃也很虚弱。

为什么容易有胃病呢？因为胃肠道是最能表现情绪的器官之一。胃肠道普遍受植物神经系统支配，而植物神经的特点就是不受意识控制，而会受情绪的影响。比如你不能用意识让心跳加快，但是一生气一紧张，心跳立刻会加快。

我们对比来看，胃就是人体的一个大口袋，口袋是用来装东西的，胃所装的东西不单单有食物，还有一个人的情绪。如果吃得过多，胃就会因为装不下东西而难受，甚至会溃疡、出血，并引发疼痛。人的身心是一体的，在心理上有装不下的东西，在生理上同样也表现出来。比如人心情不好就会觉得胃里堵得慌，吃

不下东西。

遭受冷暴力的人，心理上往往就会有更多压力、焦虑、委屈无法言说，这个大口袋如果承接不住了，胃就会出现各种问题。反过来讲，如果一个人本来有很严重的胃病，胃承纳的功能比较弱，那么，当面临同样的压力、焦虑和委屈的时候，就会比没有胃病的人承受力要差，在情绪的迁延纠缠扩散上表现得更强烈。所以，胃肠道身心疾病特别容易陷入“负面情绪—引发症状—加重负面情绪—加重症状”的恶性循环中。

丽媛29岁，从青春期开始，就被经期痛经、乳房胀痛及烦乱的情绪困扰。她生长在一个重男轻女的家庭，爷爷带着叔叔家的表哥和她一起上街，只给表哥买一根雪糕吃，而不给自己买。爸爸常年在外地工作，严重缺位，又因为她是女孩，几乎对她毫不上心。妈妈因为生了她，经常遭受爷爷奶奶的白眼。每次妈妈在爷爷奶奶那里受了气，就会拿她出气，用最脏的话骂她。如果她反抗顶嘴，妈妈就会说：“你是不是就是想让我死？我死了你就高兴了是不是？”吓得丽媛不敢说话，只能忍着听着妈妈劈头盖脸的辱骂。妈妈发完火儿，又会抱着她哭，诉说自己有多可怜，爷爷奶奶和叔叔婶婶是怎么欺负自己。这个时候，丽媛又会同情妈妈、原谅妈妈。只要妈妈对自己脸色稍好些，丽媛就会忘记妈妈骂自己的事，像解脱了一样，情绪也会变得异常兴奋，会帮妈妈做家务，也会用从电视里学来的夸张的动作逗妈妈笑。妈妈看了会冷笑，还会用鄙夷的语气说：“瞅你个疯疯癫癫的样儿，就跟谁多待见你似的。”丽媛看到妈妈一边笑一边责骂自己，会用做鬼脸和夸张的肢体动作回应，妈妈就骂她抽风、神经病。但丽媛会觉得这是和妈妈之间难得的美好时刻。她更恐惧妈妈突如其来、劈头盖脸骂自己的时候。这样的状况不断重复，丽媛的心上新伤盖旧伤。她从一年级起，就很难在座位上坐住，总是扭来扭去的，总会有很多小动作，情绪也容易激动，一点儿小事就会大喊大叫。她的学习也遇到困难，很容易分心，注意力不能集中，做作业粗心大意，平时丢三落四。二年级时，她的同学都已经适应了校园生活，丽媛的状态就变得很突出，老师要求家长带丽媛去医院检查，被诊断为注意力缺陷障碍。这个诊断结果让丽媛和妈妈在家里更加抬不起头来，妈妈受到冷嘲热讽后，把愤怒发泄到了常年不在家的爸爸身上。丽媛对爸爸妈妈的争吵一样感到恐惧。妈妈不再对丽媛恶语相加，而是开始不断诉苦：让丽媛争气，自己已经这么难了，不要再给自己惹麻烦。丽媛艰难地进入青春期后，情绪开始变得更容易失控，在一次跟妈妈激烈争吵后，她感到心跳加速、憋气、呼吸困难。她长期有睡眠障碍，难以入睡，容易惊醒。到精神科被诊断为抑郁症，并开始服用精神类药物。她的月经问题大约从这个时期开始，每次来月经的前几天，乳房发胀，偶有流鼻血和泌乳现象，心情时而烦躁易怒，时

而低落想痛哭，很不稳定。来潮前和行经的时候都会疼痛，常需要吃止痛片才能让自己正常生活。同时她还有缠绵不愈的阴道瘙痒和皮肤病，大腿内侧总是会起很多红疹子，瘙痒难耐。困厄的精神和痛苦的身体让她深陷绝望。

孩子的脏腑娇弱，功能发育尚不完善，非常容易因为压力造成的情绪问题受到伤害。丽媛自幼遭受爷爷奶奶的冷眼，爸爸缺位，妈妈不但不能保护丽媛，还将丽媛当作自己情绪的发泄地和涵容池，既在她身上肆意释放自己的愤怒，又用自己的可怜来绑架孩子，让丽媛因为恐惧和内疚既不敢爱也不敢恨妈妈，长期处于一种应激和郁怒的状态。

五脏六腑中，肝的功能主疏泄，情感压抑而不能疏泄条达，直接影响到了肝脏功能。因此，丽媛很小就开始肝郁气滞，她在上小学后表现出的多动、冲动等注意力障碍，说明在长期的冷暴力环境中，她的脏腑功能在那时就已经受损了。

健全的脏腑和协调的脏腑功能是人的情绪情感正常活动的生理基础，由压力造成的脏腑功能出现异常或受损，势必反过来影响人的情绪情感。“肝太过令人善怒，其不及则抑郁不乐”。持续的肝阳上亢导致她注意力不集中、易冲动、情绪难自控和睡眠不安。脏腑五行生克，本应该是肺金克肝木，若金气不足，或木气偏亢、肝火太旺，木就反过来侮金，造成肝木反侮肺金，影响肺的功能。所以丽媛在和妈妈激烈争吵后，会感觉憋气，这就是肝木反侮肺金，肺一下憋住了。肺在志为悲，在声为哭，肺功能受损，人就容易抑郁，就像林黛玉一样。所以丽媛的情绪就在易怒和抑郁之间摆荡。

困扰丽媛的月经问题也是源自肝功能受损。肝经的走向经过乳头和乳晕，中医认为汗、血、乳都是同源的，经期血应该下行，但丽媛肝气郁结，气血瘀滞，郁热上行，热扰血络，就出现倒经的现象，有非哺乳期泌乳症状。有人经期会流鼻血也是倒经现象。气血紊乱，涵容情绪的物质基础都是衰弱的，必然心烦意乱，情绪失控在所难免。丽媛的皮肤问题也跟肝与肺的功能异常有关，肝木反侮肺金，肺又主皮毛，肺的精气滋养皮毛，肺的宣发功能主宰着皮毛的开合。肺功能受损，皮肤失去滋养，没法正常的开合透气，就容易郁闭出现皮肤问题。且肝经环阴器，大腿内侧也是肝经循行的地方，“邪之所凑，其气必虚”，因此处气弱，细菌容易滋生，发生瘙痒。

丽媛的心是很苦的。自幼因为自己是个女孩儿被嫌弃，女性的生理周期又给她带来身体的痛苦，还有阴道瘙痒等难言之隐的羞耻，这些都让她对自己的女性身份更加厌恶。因为这种自恨，她认为男人也是不喜欢她的，她也很难对异性产生两性间的爱慕。相比两性间的爱，她更渴望的是一种母性的、温暖的、全然接纳的爱。

因此要解决丽媛的问题，需要身心同治，两条腿走路。没有心理的疗愈，丽媛深埋的怨恨和自恨无法疏解，只会进一步加重肝郁；没有身体的疗愈，丽媛心灵如寓居在破房烂屋，稍有风雨就要垮塌，更别说在里面安居了。医药就像给屋子先竖起几根柱子加固住，在不垮塌的情况下慢慢修补。身心同治，缺少哪条腿，治疗都可能陷入困境。

自尊调节问题

在冷暴力环境中长大，一个最重要的影响反应在自尊调节方面。

一个成长在被忽视、不共情、被否定和贬低的冷暴力环境中的孩子，最强烈的感觉就是自己是没价值的、没存在意义的、不被尊重的、不被爱的。所谓自尊，就是自我尊重、自我欣赏，这种尊重和欣赏在早期只能来自外部养育环境的反馈。如果一个人从小感觉自己没有价值、不被喜爱，又怎么能获得稳定的自我尊重和自我喜爱呢?

我们在生活中，难免会被批评、责备，被深深误解或遭受各种挫折，这些刺激可能会影响我们对自己的看法，影响我们的自尊，而良好的自尊调节能力能让我们恢复元气，重新振作。如果我们从小就没有稳定自尊，那自尊调节能力也会很弱，面对各种挫折，很有可能会一蹶不振。

自尊调节能力最初源自养育者，当我们第一次学习拿勺子吃饭却弄得到处都是，妈妈给我们的赞许和鼓励的目光；当我们怎么也装不上玩具车而对自己生气时妈妈温柔的抚慰，这些目光和温柔的话语都会内化进我们的心灵。在我们遭遇挫折的时候，自尊调节会在心灵内部自动出现并抚慰我们。冷暴力环境成长起来的孩子，每次受挫时，内化进来的是嘲讽、挖苦、忽视或严厉的斥责，不但无法起到抚慰的功能，还会让我们面对自尊威胁的时候更加脆弱、不堪一击。

自尊调节存在问题是长期缺乏镜映自体客体体验的结果。比如当孩子考了97分，得来的是父母的一句“97有什么可美的，人家谁谁谁考了100呢”，这个时候孩子希望被认可的期待就落了空，本来想要雀跃的感觉立刻被泼了冷水，孩子甚至会觉得自己有想被认可这种需要都是一种羞耻。然而被认可的需要仍然在，孩子试图用每次都考100分来努力获得那个认可。如果做不到，孩子就会相信是他自己的问题，是他不够好，是他没有资格、不配获得认可。然而在生活中，他不可能一直事事得满分，“我不好”“我不配”的感觉会始终侵蚀他的心灵。他在调节这种感觉的时候会有以下两种看起来完全不同的表现：

第一种是自大，通过贬低他人来调节自尊。在他们的眼中，似乎不存在让他们佩服的人，他们表现得过度自信、老子天下第一，总是苛责或瞧不起别人，遇到问题也很容易归结到他人的

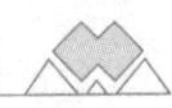

头上。这类人常常对他人施与冷暴力而不自知，往往认为他人“活该被这样对待”。虽然他们这样做会保持对自己的良好感觉，却以破坏关系为代价，所以好的感觉也很难维系，因为他们会不断在关系中遭受挫折。

第二种是自卑，通过否认自己的需要来调节自尊。体验兴奋和骄傲却伴随着失望、挫折和羞耻，这些感受就会被分裂出去，孩子会否认自己存在这些需要。他们的内部逻辑是：当我本来就不值得被尊重、被喜爱的时候，我没有被大家欣赏的需要的时候，这些挫败也就不能伤害到我了。所以他们常常觉得自己不行，给自己的成功设置阻碍，他们会恐惧、排斥成功。因为一旦他们做成功了，而没有得到鲜花和掌声，那种感觉在预期中是自己无法承受的，所以不如直接否定自己有成功的需要，或为自己的成功设置种种的不可能。有人会将别人对自己的认可看作“只是客套”而让自己无法获得持续的支持；也有人会在关键时刻突然生病，退出赛道。他们乐意待在一个总在为成功做准备的阶段，并用自我贬损、自我否定的方式进行自我虐待。或者，即使在别人的眼里，他们已然取得了很大的成就，但他们会觉得那个自己是假的，真实的自己其实能力一般、不值一提，他们非常害怕暴露这个“真实的自己”，因为在内心深处他们觉得没有人会喜欢这个“真实的自己”。

无论是自大还是自卑，都是自尊失调的表现。

温莉今年44岁，因爱人高建对其长期冷暴力而求助。她开始咨询的时候，头发蓬乱、脸色晦暗，穿着宽大的看不出身材的衣服，认为自己失败到底、一无是处。然而之前的她并不是这样。34岁那年她任职名企高位，作为高知大龄女性，她在恋爱经验和两性相处之道上，并不像她的学术经验和工作能力一样丰富而自信。恰恰相反，在情感方面，温莉极度渴望爱与认可，但又非常自卑。由于从小在严苛的教养环境里长大，她并不觉得自己是可爱的，只有在母亲向邻居和亲戚炫耀她的学习成就时，她才能感觉到似乎母亲是在意她的。所以她不断地通过努力学习来满足母亲的自我价值的需要，并因此获得被爱和关注的感觉。她在学术上的成就很大程度上是一种无法获得爱的满足后的另辟蹊径，即努力满足父母的期待，从而让自己体验到自己是值得被爱的人。这样的补偿机制让温莉总在试图讨好那些可以给予自己爱和肯定的人，不断无视自己的需求去满足对方的需求。同时，由于长期忽视自己的需要，自己有价值的感觉大部分都建立在他人的回应上，因此她的内心脆弱而空乏，对他人的评价极其敏感。

在刚遇到高建的时候，温莉觉得这就是自己对的人。自从在朋友聚会上结识后，高建就开始对温莉发起猛烈攻势，送花、上下班接送、送昂贵的衣服首饰给她，而且很快带着温莉和他的朋友们认识，让温莉感觉受宠若惊。高建没有上过大学，高中都没有读完就离开了学校，是社会大学教会了他为人处世和

谋生的本领。他创办公司、事业有成。温莉觉得高建的经济条件很好，自己年龄又大、长相一般，他完全可以找比自己年轻漂亮的女孩。这样的感觉让温莉每次体会到高建对自己好的时候，都会有种被眷顾的幸运感。当高建在向他的朋友介绍自己时，会特意强调自己的博士学历和社会地位，这个感觉温莉是熟悉的，就像母亲在跟亲戚炫耀自己的成绩一样，这是温莉熟悉的位置，所以温莉顺理成章地进入了这种熟悉的关系中。

在经过一段时间的咨询后，温莉回顾在最初阶段高建对自己的吸引时说："我想起一个细节，我那会不太化妆，经常素面朝天，他特别的介意。开始时会说我化妆一定会很好看，然后买很多化妆品给我，后来就要求我去见他的朋友时必须化妆、精心打扮，说这是社交礼仪。我那会儿觉得他说的特别有道理，感觉自己不化妆就很不得体，活得不够精致，所以特别用心地去学去打扮自己，然后自己也觉得很好看，那时候就真心觉得感谢遇到了这样好的一个人带着我成长。可是回头看看他的初衷并不是为了我，只是为了他一定要在所有人面前有充足的面子，而我是他面子的一部分，我在他眼里并不是独立的一个人。所以当我们的孩子出生以后，我身材走样、脸上长斑、辞职在家的时候，我对他来说并不是一个长脸的人，而是一个让他跌份的人，他就对我各种贬低，各种羞辱……而且现在他身边有很多年轻漂亮的小姑娘，我觉得他随时会抛弃我另觅新欢。"

温莉受教育程度很高，但这并不意味着她拥有稳定的自尊。虽然掌握知识或在学业事业上的胜任感有助于提升自尊，但自尊的建立还与获得这些胜任感时候的自体客体体验相关。虽然温莉取得了很多成绩，但她其实是在为母亲的自我价值供给营养，母亲价值感不足用女儿的优秀来补足，并且只回应女儿能满足自己炫耀的这个部分。温莉的全貌，比如那个酷爱画画的温莉或那个因皮肤黑而自卑的温莉就得不到妈妈恰当的回应。温莉努力发展能得到妈妈回应的部分，一直不断在学业上取得成就，来维持仅有的一点儿滋养，直到不能再留在校园为止。幸运的是，她很快在工作环境中也找到了类似妈妈的角色。在领导的不断推动下，她在事业上同样一路高歌猛进。在高建身上，她希望获得同样的被需要和认可，但妻子和母亲这两道习题却是她从未做过的。高建不但不会再像母亲和领导那样指导她怎么去做然后给予肯定，而且还不断地指责和贬低她，这让她脆弱的自尊一溃千里。

由于低自尊者总认为是自己不好，别人才会伤害自己，所以他们更难挣脱一段糟糕的关系。他们觉得自己配不上更好的人，也不认为自己离开目前的关系以后，会有人“看得上”自己。

情感模式的代际遗传

就像父母的基因可以遗传给子女一样，父母的情感模式也会通过耳濡目染、潜移默化像遗传代码一样复制到子女身上。父母

常用包容、鼓励、肯定的语言交流，子女也会熏习内化；如果父母之间或对子女常常使用冷暴力，子女也会有样学样。我们上一章提到的《中国剩女》中的母女俩，女儿对妈妈的贬低和妈妈对女儿的不屑如出一辙，这就是互动模式的复制。假如女儿没有机会觉察自己在重复妈妈待人的方式，她也很有可能这样对待自己的子女，这样就会造成情感模式或心理问题在代际中传递下去。

媛媛妈妈齐丽很年轻也很脆弱。她21岁就有了媛媛，媛媛的一点儿风吹草动都会让她不知所措。在媛媛哭闹的时候，她非常慌张，会赶紧抱紧孩子使劲儿地哄。这和她的母亲，也就是媛媛的外婆在她哭闹时的处理方式非常相似。齐丽妈妈也是情感上很脆弱的女性，用她自己的话说就是"禁不住事儿"，孩子的哭闹会让她心烦又抓狂。但她发现了很好的抚慰方式就是喂奶，只要把乳头送进孩子嘴里，齐丽就会停止哭泣。于是她习惯用这样的方式哄孩子，甚至在断奶后，这样奶哄的方式仍然延续了下来。直到齐丽已经上小学了，在学校被小朋友欺负或因为妈妈没有满足自己买一双小红皮鞋的愿望而哭闹的时候，仍然会使用这样的方式来让齐丽情绪好起来。到了十岁多的时候，奶哄的方式几次被姑姑和婶婶撞见，成了家族里的笑话。大家拿这件事开齐丽的玩笑，让齐丽和妈妈都很尴尬。齐丽担心同学们知道后嘲笑自己，于是戒掉了乳头。但她在出现情绪波动的时候，并没有形成很好的自我安抚能力。母亲把乳头塞进齐丽嘴里的时候，是慌张而无力的，这个体验是真正被齐丽内化进来的感受，她并没有因为吸吮乳头而学会自我安抚。

当齐丽有了媛媛，面对媛媛的哭闹，齐丽既无法承接媛媛的情绪，也无力消化自己被触发的烦躁和无力感。同时因为受到自己童年经历的影响，她也不愿意让孩子叼自己的乳头。于是她采用的方式就是用力搂抱着孩子，一边摇晃一边嘴里“哦哦哦”地念叨，常常会因为着急而跟着掉眼泪。在媛媛几个月大的时候，这样的安抚还能帮助媛媛安静下来，并获得一定的安全感觉。但在感受妈妈温暖拥抱的同时，妈妈的慌乱和脆弱也在影响着媛媛。随着媛媛长大，齐丽仍然只有这一种安抚的方式。在媛媛三岁的时候，有天她自己弄坏了刚刚做好的手工，气恼、懊丧和无助感混在一起。媛媛消化不掉开始乱发脾气，她把已经坏掉的折纸撕得更碎，全都扔到垃圾筐里，把玩具扔到地上又踢了几脚，开始哇哇大哭。齐丽不知所措，试图过去抱媛媛，被媛媛推开而且哭得更大声，齐丽更加慌乱。她一会儿尝试着拿其他玩具转移媛媛注意力，一会儿说“不哭了，一会儿咱们再做一个就完了”，一会儿弄些好吃的过来试图让媛媛开心，一会儿又威胁说“不许哭了，你再哭我就不理你了”，看没有用又会恳求媛媛“好宝宝妈妈求求你别哭了，妈妈心脏都不舒服了”。她学习过在孩子哭闹时都可以有什么样应对的策略，但还是胡乱出招，一会儿用自

己惯有的方式应对，一会儿把从育儿公众号上学的碎片化信息都努力用来尝试。一会儿这样一会儿那样是因为她自己的慌乱，没有涵容情绪的能力，她全部的努力其实都是在释放自身的焦虑，而非安抚媛媛。而在媛媛的体验中，就是自身尚未消化的一团乱麻的情绪周围，又扑过来妈妈的一团更加慌乱的情绪，那并不具有安抚作用，只是让她更加心烦意乱、哭闹不休。

上一代人的人格缺陷导致他们没有能力用健康的方式去抚育孩子，孩子如果没有机会觉察、反思和调整那些不适切的情感模式，或者没有消化上一代造成的创伤，那么自身从父母那里遗传来的情感碎片，仍需要表达。当环境或文化不允许表达，就只能表达在自己的子女身上。这些创伤会通过各种心理机制传递到自己的亲子关系中，从而造成情感模式或心理问题的代际遗传。比如一个经历过性侵的母亲可能会特别在意女儿和异性的关系，只是跟异性同学一起回家都会让母亲神经过敏、勃然大怒，并因此让女儿对异性也心怀警惕和排斥。如果父母有能力化解和疗愈上一代带给自己的创伤，就能斩断它的代际遗传。

在有冷暴力存在的家庭中，受虐者内化了一个施虐性的客体。那些创伤渴望表达，于是总会寻找更弱的受虐者去欺凌，这往往就是自己的伴侣或孩子。一位从小就受父亲嘲讽的儿子，发誓以后自己做了父亲，绝对不会像父亲对自己那样对自己的孩子。但是，当他真做了父亲，却不由自主地重复了父亲育儿的方式。为什么会这样呢？主要有以下几个原因：

第一，他虽然厌恶这样的方式，但他并不知道其他的方式。人的情感模式是在关系互动中潜移默化学习到的。如果早年在我们的成长中非常匮乏能提供自体客体功能的环境，我们就会匮乏自体客体体验，也就很难知道该怎样去同频他人。尤其亲密关系的体验，是很细腻而隐秘的，不进入这个家庭的内部，外人并不知道一个家庭内部小的生态环境是怎么循环运作的。很多人在社会化的过程中，老师、同学、同事能为其提供更好适应社会的为人处世方法，然而亲密关系的经验可能依然匮乏，不能融会贯通，仍然只保留着从父母那里得到的有限的经验。假如在亲密关系中，没有觉察和成长，就只会复制父母的情感模式去应对自己的亲密关系。无论我们的社会功能有多强大，如果我们内化的情感模式是糟糕的，我们还是会把自己的亲密关系搞得一团糟。

第二，从原生家庭带来的创伤尚未处理，需要有出口来表达。齐丽的母亲并不能在齐丽情绪波动的时候起到很好的安抚作用，齐丽在她妈妈那里承接的焦虑一直在深深影响着她，她仍然渴望在自己很焦虑的时候，能有个温暖而可靠的怀抱。每当媛媛哭闹的时候，齐丽对爱人的需要就更加强烈，她渴望爱人可以成为那个安抚者，将媛媛和自己一并抚慰。虽然在情感层面，她是个受伤的小女孩儿，可在现实层面，她是一个成年人，是一位母

亲，爱人期待她能有符合成年人和母亲角色的言行，所以他对齐丽的脆弱只会感到不满和失望。这让齐丽不但未能疗愈早年的创伤，反而进一步受到挫败。

第三，把创伤放到孩子身上，就更好把控。媛媛的处境其实和幼年的齐丽很相似。齐丽通过重复自己妈妈的模式，又塑造了一个自己，把自己的创伤放到了媛媛的身上。这样做仍然是为了处理创伤，和父母没考上大学，希望孩子能替自己实现愿望很相似，只是这是一种无意识的行为。

比如一个男性从小就很不喜欢总是操控和贬低自己的妈妈，他发誓以后绝不娶一个这样的女性为妻。但当他结婚以后，他仍然保持着跟操控型妈妈的互动方式，将妻子并非贬低的言行投射为贬低。当妻子否认的时候，他会固执地认为妻子在狡辩，妻子被激怒后，就会真的贬低他。他以这样的方式塑造着妻子，最终他会惊讶而痛苦地“发现”妻子竟然和自己的妈妈一样，总是在贬低自己！于是他开始努力改变妻子，不断进行各种抗争以完成当年希望改变妈妈的愿望。在他没结婚的时候，他的体内既有一个脆弱又倔强的自己，也有一个内化进来的贬低的妈妈，两种声音在他体内不断发生冲突，让他无法统整、无法平衡。于是他将那个内化进来贬低的妈妈通过投射的方式放到了妻子身上，把妻子变成一个活灵活现的现实中贬低他的人，这样他就能有的放矢地和外部的人去抗争了，自己内部就会获得一定程度上的统整。

在旁人看来，他就是不能过好日子，时不时就需要找点事情“作”一下，总是需要塑造一个敌人，将内部挣扎投射到对方身上，来释放内部无法消化的情绪。

“那我该怎么做……”齐丽斜倚着咨询室的沙发，双手托着脸，脸上泪痕斑斑，无助地呼唤着抚慰。

“比如现在我能感觉到你有很多情绪，你希望我做些什么，你会感觉好些呢？”

齐丽沉默了一会儿，眼泪止住了：“我觉得就像现在这样，你什么都没说，只是很关切很专注地陪着我，其实我就感觉很好。我觉得那是一种很沉稳很宁静的感觉，好像是这个感觉让我好很多，而不是你具体说了什么或做了什么。”

想要斩断代际遗传，需要先有所觉察，知道自己身上带着哪些从父母、祖父母甚至历代祖先那里传承下来的情感程序，深刻地理解自己，尝试为自己创造可以滋养自己的自体客体环境，在良性的关系中不断获得新的体验，建构新的情感程序，传递给下一代。

本章主要讨论了为什么情感冷暴力可以伤到人，以及会造成怎样的伤害。冷暴力者缺乏共情，挫伤人的自尊，破坏了关系中的自体客体体验。自体客体体验对于一个人维系稳定而统整的自

体感起着重要的作用。冷暴力也是一种压力，我们在压力之下，会调动心灵储备去应对。有滋养的自体客体环境能让我们的自我认知、人际支持系统和身体自体的“蓄水池”保持活力，有足够力量去应对压力。假如冷暴力超出了我们可以承受的范围，可能造成我们的精神自体崩溃，随之出现各种生理症状，还可能造成自尊调节问题。以上所有心理问题如未经处理，都可能通过模式复制的方式在代际中遗传。冷暴力有如此多的危害，我们都希望可以远离冷暴力，所以要先弄清楚为什么会有冷暴力。假如我们去除了产生冷暴力的“因”，自然也就不会有冷暴力这个“果”了。

第四章

为什么会有冷暴力，

是什么封闭了爱与温暖

01 冷暴力是一种攻击行为

虽然并不付诸肢体行动，但冷暴力仍然是一种攻击行为。

人类为什么会有攻击性？动物行为学派认为动物都有四种最基本的本能：饥饿、繁殖、恐惧和攻击。当生存空间、食物、配偶面临威胁，动物都会本能的发动攻击以维护自身的存在可能。

精神分析学派创始人弗洛伊德也认可人具有生物学本能冲动，认为人的攻击性是人类生活两个基本驱力之一，人既有生本能，即性驱力，包含所有创造、繁殖的驱力；也有死本能，即渴望回归至无机物、不复存在状态的驱力。当一个人活着，生的欲望会妨碍死本能的表达，对内的破坏力量就会转向外部，以攻击的形式呈现。在战争时期，人类会像动物一样野蛮杀戮，释放攻击性，而文明发展让人得以用社会文化允许的方式来表达攻击冲动，比如竞技体育、辩论、职场竞争等。攻击性如果得不到恰当的约束和释放，完全指向外部就会成为他人的灾难，完全指向内部，就可能导致自身出现各种精神问题。

然而也有心理学家并不同意弗洛伊德的观点，认为攻击性不是本能的、与生俱来的，而是个体某些心理需要受挫之后引发的反应。要理解一个人的攻击行为，需要先站在他的视角去看其内在是什么需要受到了挫败，引发了攻击行为。当然，我们需要再次强调，虽然一些反社会人格者的攻击行为也可能由其早年心灵创伤所引起，但理解并不意味着允许。

另外，也有研究认为，个体的攻击行为与犯罪基因有关，已有多种基因被分子遗传学研究确认与人类反社会行为有关。不过研究也认为，这些基因并非决定性条件，后天养育环境出至关重要。我们在前一章也提到过镜像神经元是一个人共情能力的生物基础，如果缺乏共情能力，会更容易攻击他人。共情能力可以在人际互动中培养，有过被共情体验的人才有可能去共情他人。

在冲动控制、情绪稳定、自我认知和对他人感知方面都存在各种问题的反社会型人格障碍、偏执型人格障碍、自恋型人格障碍、边缘型人格障碍等人格障碍群体更容易在关系中对他人使用冷暴力。

电影《小丑》讲述了主人公亚瑟如何从一个有着爱和理想，努力工作想过普通人日子的底层一员蜕变成一个杀人不眨眼的冷血大反派的过程。孤独、内向患有情绪调节障碍的亚瑟，被街头混混欺负、被老板羞辱、被同事出卖、被自己崇拜的偶像嘲笑、被养母欺骗并被养母男友虐待……在生活中体验不到一丝善意和温暖的亚瑟最终走向邪恶。

《少年的你》中的魏莱，父亲因为她没有考上理想大学一年都不跟她说话，在爸爸心里她的存在价值只限于这些外在成就上。在被她欺凌的女孩胡小蝶跳楼自杀之后，魏莱没有丝毫的恐惧、内疚或悔过，还能面不改色地跟警察说胡小蝶一死她家人可以拿到好多钱，何其冷血。在现实生活中，的确存在小丑和魏莱这样的反社会人格障碍者，由于遗传因素、后天养育环境及社会文化环境等因素综合影响造成了他们的人格状态。他们缺乏良知、对他人冷漠无情、无法和他人建立依恋关系、缺乏道德意识、擅长用欺骗和装可怜来操控他人、巧言善辩、伤害他人后不会感到任何愧疚。虽然在人群中反社会人格障碍所占比例很低，但危害却极大。很多人在与反社会人格者的纠缠中，会像胡小蝶一样深陷其中、无法自救。因此，如果你正卷入一段让你痛苦不堪甚至威胁到自身生命安全的关系中无法自拔时，请你立刻向专业人士，比如警察、心理咨询师求助。

从自体心理学的角度来看，自体越是不统整、稳定性差，自尊水平越低，共情他人的能力越低，在自尊受挫后或自体客体体验失败时，以及无法恰当感知自己和他人时，越容易对他人使用

冷暴力。很多情况下，他们攻击的对象不一定是最初带给他们创伤的人，而是他们的创伤体验在类似情境下被唤醒了。

马喻生于七十年代，当他已过不惑之年时，却真正迎来了人生最低谷最困惑的时期：他和妻子因为五岁儿子的教育问题不断发生巨大冲突，家里充满了抱怨、责备和谩骂声。妻子哪怕对他的很小的质疑都会成为一次暴怒的导火索，全家都因马喻易激惹的情绪而痛苦不堪。

在咨询中，马喻逐渐回忆起童年的一些经历，他对三四岁之前的自己完全没有印象。父母告诉他，在他小时候，父母非常忙，父亲在科研单位工作，常年在野外考察研究，母亲是单位职工幼儿园的老师，工作和住处就在一个大院里。在马喻只有三个月大的时候，母亲不得不结束产假回去上班，而家中却没有人帮助照顾马喻。为了防止他翻身，母亲把他用两个枕头夹在中间，然后就提心吊胆地去上班了。上两个小时会回来喂一次奶，常常离家还很远，就已经听到他撕心裂肺的哭号声，母亲的心也跟着碎了。但喂了奶哄睡着还要接着去上班，一边工作一边好像一直听到婴儿的哭声。这样的情况持续了三个多月。

“这在现在怎么可能这么对孩子，多危险啊，万一翻身窒息怎么办！”亲自照顾自己孩子的马喻谈到母亲讲给他听的这段经历时有些愤怒，但随即表示对母亲的理解“但那个时候，大家都那样，我妈妈还是单位里的先进工作者，没办法……”

婴儿从一出生就活在自体客体体验的环境里。及时恰当的回应让婴儿感到世界是安全可掌控的，自己是无所不能的，这样的感觉让婴儿得以存活。随着母婴链接的深入，安全感的不断建立，这种“我无所不能”的感觉会随着生活中一些自然而然出现的、恰到好处的挫折而慢慢变得现实化。婴儿会渐渐意识到原来妈妈也是一个独立的人，妈妈也可能会不能及时回应，并不是无所不能的操控者，这是一个慢慢落地的过程。当婴儿啼哭却无法得到及时的回应，婴儿体验到世界是不可靠的、令人不安的、危险的、无法掌控的。婴儿马喻在这个时候体验到了超出其承受能力的挫折。幸运的是，马喻的妈妈并不是完全不出现，她只是会晚一点出现，在她没出现的过程里，婴儿马喻需要发展出一种适应的能力，来维持住全能的感觉，保护自体不碎裂，让自己得以存活。于是，马喻不断受挫的全能的感觉被防御性的保护起来，一种防御性的“我无所不能”感觉开始慢慢形成以维持自体统整，继而不断演化为“我是最好的，我是优越的”等感觉，全能感不但未能在现实的挫折里逐渐现实化，反而因为过强的挫折被固定下来。随着年龄的增长，这种很早期的为保护自己而形成的防御，在他人眼中会成为一种自负自大的优越感，喜欢轻视别人的傲慢态度，常常通过贬低他人来抬高自己的行为习惯，所有可

能会威胁到“我是好的”这个感觉的言行都可能会被马喻体验成巨大的威胁，并对其发起攻击。

在孩子出生之前，马喻为了获得持续的来自外部的肯定来加固“我是好的”这种感觉，也做了很多现实的努力。这些现实的学业和事业上的成就得以帮助他维系那种优越的感觉。但随着孩子的出生，他出现了越来越多无能为力的时候。当孩子参加亲子活动非常不配合大闹情绪时，当他无论怎么说孩子都不听话时，当他说东孩子非说西时，他感觉自己崩溃了。他会拍桌子、大声咆哮以震慑住孩子，或把孩子拎出去，暴打一顿。然后还会跟妻子大吵一架说她把孩子惯得太任性。妻子则指责他根本不会当父亲，这个指责让马喻感觉就像一颗圆润的玛瑙珠子忽然磕掉了一块，他想尽办法往上抹腻子、镶金粉，只是把破损搞得越大越明显，还是一个无法掩盖的缺陷。有时候他甚至想如果不生儿子就好了。儿子的出现就像龙卷风，把本来平静运转的家和自己的心搅扰得一塌糊涂。他无法再告诉自己我是有能力搞定的，因为孩子会暴露他厌恶看到的一面，用不断让他受挫告诉他：“不，你不行，你完全搞不定。”

马喻受苦于病理性自恋，他感觉自己比其他人优越，所以贬低藐视别人，同时他又拥有脆弱的自尊，缺乏自尊的调节能力，非常依赖来自外界的肯定和认可，这是他学业、事业上不断努力要取得成功的根本动力。同时，由于这种自尊的脆弱性，他又很容易感到被贬低和被冒犯。对所有会让其感受到自身局限性的批评、指责，都会让他立刻感受到羞耻并开始防御，做出暴怒及还击的反应。他之所以不断对孩子和妻子发脾气，正是自尊受挫后的暴怒反应。

对自体客体体验失败的愤怒

婴儿来到这个世界上，带有一种预设的感觉，即婴儿认定自己拥有抚养者并且抚养者会回应自己的自体客体需要。婴儿出生的时候眼睛还未睁开，身体极为虚弱，除了依赖妈妈喂奶，没有任何生存能力。所以婴儿生前会有生物本能性的预设，自己是可以得到喂养的。生命早期体验到的回应性的自体客体环境正是婴儿感受到的正常的生命的初始体验。这个体验建构了整个生命的信任的基础。

如前文所述，我们对自体客体的需要主要有理想化自体客体、镜像自体客体和另我自体客体等。理想化自体客体满足我们对安全的需要；镜像自体客体满足我们夸大自体表现癖的需要；另我自体客体满足我们归属同类的需要。在不同的人生阶段或境遇里，对自体客体环境的需要类型和强度不同，但人终其一生都需要自体客体环境的支持。假如在生命早期，一个人自体客体需

要不断受挫，那么他会对寻求自体客体回应这样的需要感到羞耻。

在亲密关系中，如果家庭成员能够成为彼此恰到好处的自体客体经验的来源，那么这个亲密关系一定是相对比较和谐美满的，彼此都比较满足的。然而现实很残酷，更多情况却是家庭成员间不但不能为彼此提供自体客体经验，反而会成为自体客体需要被挫败和自尊创伤的来源。

大明和思佳的家庭治疗断断续续做了半年的时间，在探索了双方的原生家庭，对彼此之所以呈现某种关系模式有了更多的理解之后，关系张力得到有效缓解，两人能够进行建设性沟通，整个家庭从冷战僵持的状态逐渐向好发展。大明和思佳也都爱好心理学，平时会读很多心理学的文章和书籍，这也有助于他们对自己和彼此的关系进行调节。在一切顺利发展的时候，大明的几次暴怒，让关系再次陷入瓶颈，似乎状态又回到了治疗前，这让大家都有些受挫。

在思佳冷着脸的时候，大明详细讲述了最近自己的一次暴怒。

“这么多年以来，我们俩之间矛盾的引爆点就是她总是高高在上的态度。那天我们随便聊到最近感觉还不错，她就说她也感觉最近自己有很大变化，要是之前给自己的状态10分里打3分，现在可以打7分了。我听了本来还挺高兴的，紧接着她就跟了一句：‘我这些年一直在进步，我希望我们两个人能同样的进步。’

她说这话什么意思？你前面说自己一直在进步，从3分到7分，然后又说希望我们两个人同样的进步，意思不就是说我一直在原地踏步的吗？！就她这种高高在上的态度就是我一直以来特别反感的，以为我听不出来吗？所以我当时就火了……"

"就冲你现在这么说，你就是原地踏步，你自己就给自己证明了……"思佳火上浇油。

大明的脸色越加难看："老师您看她什么态度，她在家里就是这样的，简直无法理喻！"

"我无法理喻？咱俩谁无法理喻！"思佳把脸转向了我，做出不想跟大明多说一句的姿态："那天我的一个研究模型在国外一篇学术论文里找到了类似的讨论，我特别高兴，回家就随口提了一句：'我今天读美国一篇论文，对我现在研究的课题特别有帮助，我以前就战战兢兢不敢弄，心里特别没底，看了这篇就觉得我也可以试试……'，本来我们俩一个专业的，我开了个头，是还想详细跟他聊聊，也听听他的想法，结果他来了一句：'唉，我就不明白，你为什么总得从别人那或书里边看见别人做了，你才敢做，这么多年你都这样，我就从来不需要……'我当时听了，那个想讨论的劲儿一下就泄了，心里就挺不高兴的，我就说：'你怎么说什么之前都先贬低别人一句呢'，然后他立马就急了，就跟我吼：'我这怎么就贬低你了啊，你从哪儿听出贬低来了，我这只不过是陈述一个事实，陈述一个我的看法，怎么到你

那就变成贬低了？你怎么老给我乱扣大帽子……’然后就开始说我老是给他扣帽子，又把陈芝麻烂谷子全翻出来说……”

“你这就是乱扣帽子啊，我没有半点儿贬低你的意思，你真是太敏感了，过度解读。”

“你才过度解读……”

如果我不喊停，他们两人又要无休止的互相指责下去了。这段对话很真实地反映了他们在家里的样子。

当思佳说：“我这些年一直在进步，我希望我们两个人能同样的进步”时，大明体验到了被贬低的感觉，那个感觉是思佳是好的，自己是不好的。而这种自己不够好、不如别人的感觉，大明是很难消化的且伴随着很强的羞耻感，是他需要立刻防御的，所以他马上将攻击指向了思佳，指责她高高在上的态度。所以这个攻击是在体验到“我自己不好”这种感觉后激发的。

在我们之前的探索中，曾对大明的原生家庭有过梳理，大明有一个苛责严厉的母亲和一个疏离淡漠的父亲。父母对大明很难有适切的共情性的回应，这让大明的自体很脆弱，具有自体碎裂的易感性，他要依靠一种夸大性的硬壳撑着自己才能免于碎裂，这在外在就变现得他比较自大自负，常表现出一种无所不能、自己全都是对的感觉，不能耐受批评和指责，也很难面对自己其实也存在无能、无力、脆弱的时候。大明母亲给到大明的感觉是“你只有是有能力的、不犯错的，你才是值得爱的，你才是好的”，所以无能、无力、失误在大明的体验中都是极为羞耻的感觉，是会立刻被防御掉的。

当思佳说自己“心里没底、不敢弄”，流露出无能感的时候，大明对无能感的防御被激活，所以他回应思佳“你为什么总得从别人那或书里边看见别人做了，你才敢做，我就从来不需要”时，是有自己夸大表现癖的部分的。从现实来讲，一个人从小到大，所有的创新都建立在借鉴他人经验的基础之上，大明肯定也从他人的研究中获得过启发，如果从这个角度回应思佳，大明是完全可以理解思佳在说什么的，他的回应也会让思佳非常舒适并愿意继续表达，比如他说：“是啊，有时候看到别人也有类似经验，自己的想法就得到了一些确认。”

但由于大明在思佳的话里体验到了无能的感觉，所以他先防御了这个部分，在回应时特意强调了自己就没有这种无能的感觉。而这个回应又激活了思佳的被贬低的感觉：“你行，而我不行，我不行所以我是没价值的”。

当双方的创伤都被激活的时候，一场互相投射的混战开始，互相的指责就发生了。

在本质上，其实大明和思佳遇到的是同样的夸大表现癖自体受损的问题，不过大明表现出来的是自负，而思佳则表现出来的是自卑。双方的自体客体经验受挫的创伤在彼此互动中被激活，

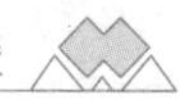

一件小事碰触到的是两个人隐藏着的伤口。

显然，攻击和羞辱不可能让双方有更好的链接。大明和思佳都希望可以从对方那里获得良好的自体客体体验，由于早年夸大需要镜映的部分受到的创伤，他们都更依赖他人的肯定和认可来进行自体调节。他们其实都非常渴望对方可以为自己提供自体客体体验，在自己努力的时候被看到和肯定。但当他们手忙脚乱的深陷于对自己创伤的防御，他们都没有能力为对方提供有滋养的自体客体回应，对对方的失望让自体客体体验反反复复遭受挫折。家也成了一个持续缺乏可靠自体客体环境的地方，不再是温暖的港湾、累了可以停泊的地方。

在情绪平稳的时候，大明和思佳都对对方的需要有所觉察，但他们都有一个共同的想法："凭什么我让步！"假如一个人未曾有过良好的自体客体体验，就很难成为他人的自体客体体验来源。因此，在家庭里，很容易因为这样的"较劲"而造成恶性循环。某个成员因为自体客体体验失败而暴怒，将情绪宣泄到其他成员身上，其他家庭成员因他的暴怒也感到受伤，不但不能为其提供自体客体回应，而且自身往往也需要自体客体回应。于是双方都陷入了自身的无能为力和对对方的抱怨指责里，关系因此呈现恶性循环。这种情况下，如果能有为双方提供自体客体体验的第三方的介入，会有助于他们打破这样的循环。

对自己和他人感知出现偏差

我们在关系中，需要先感知自己和他人，然后才能做出相应的回应和互动。在感知自己和他人的时候，我们常常遇到这样的情况，发现自己似乎也不是很了解自己，或者在理解他人的时候不能同频。比如前面提到过的杉杉和优优的父母，他们感知不到孩子的需要也就无法恰当的回应。

情绪分为以下两个部分，一部分是我们的身心反应，即感受的部分，另一部分是对这些身心反应的觉察，即认知的部分。假如我们的感受和认知是统一的，比如我感觉心跳加速、面红耳赤，我知道我自己正因为被领导训斥而羞耻，这时我的感受和我的认知是一致的。

但有的时候我们虽然有很强烈的感受，但并不能说清楚那是什么。比如我在咨询室里就经常见到这样的“有感受，没认知”的来访者：他可能会这样形容自己：“我心里老有股无明火，我就不知道自己怎么了，我冲谁都想发脾气，点火就着！”或者说：“我不知道自己怎么了，就是特别恐惧，一到人群里，我就跟做了亏心事儿似的，心里莫名其妙的就害怕。”或者说：“我就觉得什么都没意思，空空的，我也不知道我想要什么，不知道我想过什么样的生活。”就像心里有一团东西，知道它在哪里，但还没有被语言化，说不出来。

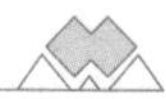

还有一种情况是“有认知，但没感受”。有的来访者可以笑着说非常悲伤的事，或像在讲别人的事一样讲述自己的创伤。比如说：“我爷爷从小特别疼我，可是他去世的时候，我就没有眼泪，我觉得按道理说应该挺伤心的，可我就是哭不出来。”“我3岁的时候，爸爸妈妈把我送到爷爷家，春节才回来看我一次，我已经忘了那时候我哭没哭过，我理解他们，他们也是没有办法。”虽然他们讲述的时候语气很平和，似乎没有任何情绪，但深入了解就会发现，这些未被处理过的情绪只是被深埋了起来，在无意识中影响着他们的生活。

还有一种既没有感受也没有认知的情况，就是明明身体有生气的表现，但却感觉不到自己在生气，嘴里也会否认自己在生气；明明眼泪流下来，却感觉不到自己的悲伤，嘴里会说可能是眼里进了沙子。这种情况，情绪感受模糊，也缺少觉察，只能用身体来表达需要和愿望。严重的情况就是只有躯体症状，通过胃病、皮肤病、过敏、乳腺增生、子宫肌瘤、癌症等来表达自己所承受的痛苦。

在理解他人的时候，我们同样会出现感受和认知无法一致的情况，比如我们认为一个抑郁的人需要关心和鼓励，却没想到我们的关心和鼓励会被对方体验为压力和强迫，并让我们感觉自己被排斥。

对自己的感知出现偏差常表现在以下两个方面，第一是分不清哪些是自己的，哪些是别人的。比如非常容易认领别人给自己贴的标签，对他人的语言、眼神等过度敏感，或将不属于他人的感觉强加到他人身上等。第二是很难用语言表达出自己的感受。对他人的感知偏差则主要体现在无法共情的理解对方。

莉莉和小华是住在一个宿舍的大学同学，莉莉来自城市，小华来自农村，两人刚认识的时候，莉莉很喜欢小华，觉得她学习特别好，人很朴实、和气，当时就觉得小华会是自己一生的好姐妹。小华从农村来到大城市上学，第一个遇到的同学就是热情、时尚的莉莉，又得到了莉莉的喜欢和认可，这份友谊对她适应陌生的环境和新生活很有帮助。

莉莉喜欢打扮，小华穿得就比较朴素，平时，莉莉也会偶尔嘲笑小华不会打扮自己，而小华本来就有些自卑，虽然也不否认莉莉对自己的看法，但总被她说心里多少有些不开心。

有一天莉莉的男朋友给她买了一件很贵的深V领的裙子，胸部暴露比较多，她自己特别喜欢，觉得很性感，很兴奋地穿上让小华看，小华的反应很冷淡，看了一眼就说这个胸露得太多了吧。结果莉莉听了就很不高兴，说小华是嫉妒自己。小华辩解说自己怎么会是这个意思呢，只是自己不喜欢这种比较暴露的衣服。莉莉就半开玩笑半认真地说：“你还真是个土包子！”小华对“土包子”这个词很敏感，立刻非常恼火，加上平时郁积很久

的情绪，脱口而出就回了一句："露这么多跟我们县城的站街女似的。"莉莉一听就火了，不依不饶地跟她吵了起来。最后被舍友拉开才算完。

从此以后，莉莉怎么看小华怎么别扭，小华以前的学习好、朴实、和气的品质，现在在莉莉眼里就变成了书呆子、土鳖和没主见，经常当着所有舍友的面嘲笑小华，而且还刻意笼络宿舍其他两个人孤立小华。因为莉莉对自己的指摘正好戳中了她比较自卑的地方，小华生怕再说出什么话惹人笑话，就开始变得很沉默，不愿意跟人交往，人越来越抑郁沮丧，因为情绪不好，慢慢就影响到了学习成绩，以前觉得自己唯一拿得出手的地方现在也不行了，更认为自己一无是处，觉得自己根本不可能适应大学的生活，每天给妈妈打电话就哭着说想家。

在第一章我们提到过，在校园环境中，因冷暴力造成创伤事件非常常见。嘲讽、挖苦、冷落、孤立，就能摧毁一个人的心灵，因在学校、宿舍不堪承受冷暴力而致使冲突升级为热暴力，或者最终导致一些学生生病、退学的事情时有发生。

莉莉和小华在对自己和他人的感知度上都发生了偏差，这些偏差让她们之间的沟通变得异常困难，并因此以冷暴力相向。

一个人对自己和对他人有比较良好的感知度指的是一个人可以把自己和他人看作是具有以下三个特质的人：第一，能看到自己和他人同时拥有好品质和坏品质；第二，能看到自己和他人都是具有独立而独特的感觉、信仰、需要和动机的个体；第三，对于自己和他人，都能具有时间上从过去到现在的整体化的感知。

莉莉对小华品质的看法前后是很对立的，在她喜欢小华的时候，就觉得小华是学习好、朴实、和气，但当她不喜欢小华的时候，这些好品质就成了书呆子、土鳖和没主见。她对小华的看法是“分裂”的，要么好要么坏，以全盘肯定或全盘否定的态度去看待对方，而不能接受一个人同时具有好的部分和坏的部分。

分裂的去看待别人的人也会比较分裂地看待自己，有时会觉得自己很厉害，自我感觉特别良好；有时又会觉得自己什么都不好，什么也不是。

莉莉也并不能允许一个独立的有自己想法的小华存在。莉莉喜欢这件裙子，但小华不喜欢，莉莉在问小华的时候是有期待的，觉得小华应该也跟她一样兴奋，如果再特别恭维自己几句会更舒服。因为有这些期待，小华的回应才会让她倍感受挫，小华不但没有跟自己一样兴奋，还带着一点点贬低的味道。莉莉并不认为小华是另一个独立的个体，她是可以有属于自己的看法和见解的，而这看法和见解并非是针对莉莉个人的——别人穿低胸裙子，小华同样不喜欢。

莉莉对小华的看法前后有很大不同，缺乏一种连续性和时间性，开始时迅速投入这段友谊，认定对方会是自己一生的好姐

妹，之后又因为一个小矛盾，迅速走向反面，友谊变成了敌对。开始时是片面地觉得小华全好，后来是片面地认为小华全坏。

小华对自己的感知方面存在明显问题，当莉莉这个重要的朋友认可她的时候，她就觉得自己是好的，对自己是接纳的；当莉莉不认可她的时候，她就开始认同莉莉对她的否定的看法，觉得自己的确就是不好的。小华对自己的认知是不稳定的。对自己的感受也是要么好，要么不好；和莉莉一样，她同样缺乏稳定的自我认同，很容易就被莉莉的话给限定住了。

莉莉在小华没有给她很肯定的赞美后很快愤怒，就说明她对自己的看法也是不稳定的，自我感知越清晰，受别人看法的影响就越低。

对他人感知的不连续往往是因为对自己感知的不连续。对自己感知不连续会呈现这样的特点：他感觉似乎有时自己性格是这样的，有时又是那样的；他会突然对人很热情，然后又突然对人很冷漠；当对自己感觉良好时，可能会对别人也很好；但对自己感觉不够好时，忽然又疏远别人；他们有时候会说我找不到我自己，总是试图去想寻找自己……这些其实都源于自我感知的问题，是一个人因为内在的不整合，产生的对自我形象的不稳定感知。这种自我感知断裂的感觉，体现在人际关系上，就是没办法和人建立稳定、持续而且深刻的连接，尤其是亲密关系。

讨好型人的心灵内城与外城

讨好型的人常以较少顾及自己的需要、曲意迎合他人的面貌呈现。他们似乎更能牺牲自己、共情他人，是极少对他人实施冷暴力的人群。然而讨好者建立的关系是一种假性亲密，对他人施加冷暴力的方式非常隐蔽，极难觉察，只有在关系深入之后，才能体会到其在讨好的表象下掩饰的情感淡漠。情感淡漠的人并不一定待人冷漠，这类讨好型的人常常给人以亲和友善的感觉。

一个人为什么要讨好？有人说假如你看到一个孩子在关系中比较纯真、没有心眼儿，有点儿憨憨傻傻，其实恰恰说明他的童年可能非常幸福，他不需要培养自己察言观色的能力也能获得恰到好处的爱与关注。而讨好型的孩子，很多都是在恶劣的生存环境中历练出来的察言观色、讨他人欢心的本领，他们细腻的觉察他人一个眼神一个动作背后的需要，以避免因为没能适切的回应而遭受责罚；或者他可能有一对拥有不健康自恋的父母，孩子的存在要义首先要满足父母的需要，比如“蜜罐”中长大的婷婷。孩子为了生存，不得不首先考虑和满足父母的需求。

由于这样地讨好是以压抑自身真实需要和情感为前提的，所以一个讨好型的人，内心的情感世界是很荒凉的，他们的讨好只是一副把内在脆弱封闭保护起来的、看起来宜人的外壳。

在泛泛社交的场合，他们的礼貌和讨好其实是在制造一种距

离：我不得罪你，你也不要招惹我，让我们都保持恰如其分的社交距离，不要在关系中制造任何可能让我们有牵绊的张力。当我用讨好的方式让你感觉满意，你说不出我什么来，我也就不必因此跟你有任何进一步的纠缠。在泛泛社交中讨好的目的就是尽快厘清关系：由于关系疏远，所以你的好与不好、对与错、是与非、是真开心还是假开心，与我何干？我何必因为你而有所扰动，和你保持礼貌友好的距离就好。这种讨好包裹着情感的寡淡，往往也是大家默认的一种社交策略。

所以我们会看到讨好型的人，在普通朋友、泛泛之交的眼里印象都是不错的，待人亲和、很好相处，但在亲密关系里，亲人却会体验到关系深入后的情感冷漠。

思佳想到刚谈恋爱时的大明，跟现在的他判若两人。他善解人意、事事顺着自己，让自己感觉很安全。然而现在思佳想到大明的时候，会有一种非常不可靠的感觉，她甚至想过，如果自己忽然得了一场重病，大明并不会“用心”照顾自己，当然他一定会尽义务，但那只是为了不招致社会舆论的抨击，而他在情感上会更加疏离，并因为尽了照顾的义务而感到对自己不再有任何亏欠，自己一直希望得到的情感的链接和支持，更会变成遥不可及的奢望，大明的内心是她始终走不进去的。如果是那样，她宁愿住进老人院，护士可能还会给自己一个发自内心的真诚的微笑。

由于早年在教养环境中，讨好者受够了边界不清的苦，他们为了生存形成了以讨好为策略的心灵外城，同时，他非常需要为自己保留一处核心的、无人可以入侵的心灵内城。因此讨好者的关系就变成了外城宜人友好、出入随意，内城防范十里、戒备森严。讨好者的内在逻辑是“我不招惹你，你也不要招惹我”“我不欠你的，你也不要欠我的”，他的心灵内城在情感上的边界是非常清晰的，害怕陷入外城那样的边界不清的疲惫中。因此，他们的关系就变成了一种假性的亲密，无论你在物理空间上离他们多近，但在心理空间上很难进入他们的内城。亲密关系之所以亲密，恰恰需要某些边界的打破和模糊，需要去背负不属于自己的部分，替对方承担，也让对方为自己承担，彼此依赖、两两相欠，互相牵绊，才亲密得起来。

怎样才能进入讨好型人的内城呢？仍然需要深度的共情和理解。他们内心脆弱和恐惧的部分是根深蒂固的。《被嫌弃的松子的一生》中的松子为了能得到父亲的一个笑脸，学做鬼脸逗父亲开心，以致养成了一种习惯，在需要取悦别人的时候条件反射地出现。婷婷从很小起就需要看着母亲的脸色回应母亲的需要，如果不能及时回应，母亲就会冷下脸来甚至会动手掐她。她们的外城为了生存已经僵硬如铁，以此来保护着内心最脆弱的对爱和注视的渴望。

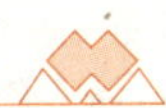

02 冷暴力的施虐者和受虐者是如何互动的

冷暴力是无意识的“合谋”吗

“事出两来，莫怪一人”。我们在解读一些事件时，常常会用到这个逻辑，比如，如果孩子回来说有人招惹自己了，父母会说：“肯定你贱招来着，要不人家怎么不招惹别人啊？”比如当女性遇到性侵犯，总会有人说“肯定这个女人穿得太暴露，引诱别人了”。在情感冷暴力这件事上，也有人说这是“一个愿打一个愿挨”，包括一些心理学者会认为虐待来自无意识的“允许”和“邀请”，是施虐者与受虐者的“合谋”。

我认为情感冷暴力的形成的确是在关系中互动的结果，但我并不想使用“合谋”这个词。“谋”是计划、计策，是有意识、有目的地谋划，但往往身处冷暴力其中的两人，一方或双方都是在进行无意识地互动。在某些情况下，比如学习了PUA的图谋不轨的男性试图通过撩妹技术控制甚至加害女性，男性是有意识地使用冷暴力等情感操控的方式控制女性，而女性如果被PUA所控制，往往是由于一些尚未意识化的人格特点而陷入其中，比如受虐倾向、低价值感、低自尊等，并非是有意识的参与其中。

“合谋”的说法会加重受虐者身上的羞耻感，就好像并未告诉一个人规则，就惩罚其破坏规则一样，会让受害者背负沉重的责任，让其更不容易从一段被伤害的关系中解脱。

所以我觉得在冷暴力的施虐受虐关系里，受虐者是无意识的参与者，并不是关系的合谋者。受虐者需要成长的部分是让其无意识行为逐渐意识化，因为对自己有了更深入地理解，才可以更清醒地看待自己及所处的关系并做出相应的选择。

还有一些情况，受限于社会环境、认知水平，冷暴力施虐者并不清楚自己所言所行对受虐者的影响，比如大多数发生在亲子间的冷暴力。相信马喻的母亲如果知道让3个月大的婴儿独自挣扎在无回应之境会对马喻的心理有如此深远的影响，她是不会那样做的，因为听到孩子哭声的她同样感到心碎。如果优优奶奶了解那根被她扔掉的小木棍对优优的意义，爱优优的奶奶也不会简单粗暴地把小木棍直接抢过来，她会在保证优优安全的情况下鼓励优优去探索。我们需要不断拓展我们的视野，省察自己的行为。

再有一种情况，就是基于深层心理内容碰撞造成的冷暴力，无论施虐者还是受虐者，双方可能都是稀里糊涂地就纠缠在了一起。比如大明和思佳，他们真的不爱彼此、仇恨彼此吗？真正让

他们唇枪舌剑对待彼此的是双方都未曾觉察的情结及情感模式。

情感关系模式的强迫性重复

在冷暴力的环境中成长，也就更容易被冷暴力的关系所吸引，即使已经成年，依然会再一次陷入冷暴力关系中，这就是情感模式的强迫性重复。

精神分析家将强迫性重复定义为一种不断重复早期经验与情境的盲目的情感冲动，人很难用理性去控制这种重复，大多数时候是无意识的行为。比如一个低自尊的女性总是不断陷入被剥削被贬低的情感关系里，或一个人总在自己即将取得巨大成就的时候犯一些低级错误让一切毁于一旦。我们常常很难用正常的逻辑去理解在他们身上发生的事，似乎他们被一双无形的手所控制，不自觉地就会重复自己身上的故事。

强迫性重复主要有以下几种原因：

第一，不断重复创伤的目的是为了疗愈创伤。每一次重复都是自己痛苦的重现，希望可以得到理解并努力的修复，每次重复都是试图改写历史的尝试。这样的重复就像又给了我们一次机会，修复曾受过的创伤，弥补常存于心的遗憾，满足那些从未被满足的心理需求。然而现实却常常事与愿违，强迫性重复往往只是在我们的旧伤上添一道新伤。

第二，恶劣的关系也是关系，重复恶劣关系的原因是熟悉的味道。这一点尤其表现在亲密关系上，我们总是不由自主跟某类人陷入爱恨情仇的纠葛中，而这类人往往具有我们生命中某个重要的人的心理特征。

第三，重复是因为害怕失控。我们并不反思关系中的他人，只认为问题都在自己，我们相信只要自己改变，问题就可以改变。由于在关系中始终处于自疚自责的状态，我们也就没有能力看到对方存在的问题，一次次陷入重复。我们通过自疚自责来感受自己对生活的掌控，避免陷入深深的无力感。因为在这样的关系中，模式是我们熟悉的、可预见的。而任何一种新的关系模式，都需要我们重新去学习和适应，这会让我们暂时性的处于一种失控的状态。

樊伊娜在一家专门给白领征婚的平台交了2万元，见了七八个人后，没有一个自己想继续了解的。樊伊娜自己觉得就是没有遇到合适的人，但红娘老师委婉地跟她说：咱们得考虑下现实，关系是处出来的，第一面就否定人家，会不会太草率了……

樊伊娜不爱听：“我交了钱就是买服务的，你们必须给我找到一个合适的男人。第一面都没有想继续见面的欲望，还有什么可接触的。我说了多少次只要北京本地的，条件再好，别的地方的也不行，两个人成长环境不同，这以后教育孩子肯定有冲突，而且我也受不了春节还得为回哪儿吵架。不想要工作老出差的，

我有什么事他都不在身边，那找个男朋友有什么用？”

虽然在征婚平台上开出了各种各样的条件，可在生活中遇到李晓东，那些自己开出的条条框框，樊伊娜一条也没想起来。

“非理性啊，真的，爱就是非理性。不知道为什么一下就动心了。”樊伊娜跟闺蜜感慨。但樊伊娜也说不清楚，她的非理性意味着什么。

她和很多女性一样很在意一种叫“眼缘”的东西。但什么是眼缘呢？她们有着各自的理解。

“眼缘就是觉得这个人长得顺眼吧？有朋友说我是颜控，但其实我有感觉的不一定大家都觉得好看，就是不管别人觉得他长得怎么样，我就觉得顺眼。”

“眼缘就是处着舒服呗，不仅仅是外貌，是那种遇见了熟悉的味道一样。”

没错，为什么我们还并不是十分了解一个人，就会对对方有喜欢、讨厌、排斥、想亲近等感觉，那是因为这些感觉跟眼前这个人有关，更和我们因为这个人被唤醒的那些内在感受有关。

眼缘，其实是过往所有经历的碎片化信息在眼前这个人身上的投射。

比如樊伊娜，她成长在一个情感非常冷漠的家庭。在她很小的时候，妈妈似乎永远在忙，忙着赚钱养家，忙着做家务，忙着抱怨和贬低爸爸……和自己最多的交流就是：“我都这么累了你还烦我，你能不能懂点儿事。”而父亲总是病恹恹的，一个人沉浸在自己的世界里，要么在看书，要么就在写东西，她好像永远没法把父亲的眼光吸引到自己身上。她还记得她们几个小伙伴一起玩儿，邻居家小鸽被她爸爸突然一下拎起来，吓得嗷嗷叫，使劲儿捶她爸爸，小鸽妈妈跑出来骂她爸爸：怎么那么没正经，再吓着孩子。

樊伊娜那会儿才七八岁，但她看得出来这一家又打又骂的都是表面的，像饺子皮里包着流油的馅儿，她羡慕这种闹，她的家是隔夜的干馒头，皮是无味的，里面更干，都是冷冷的。她的记忆里只有自己拿着从学校做的手工回家，举起来给爸爸看，父亲头也没抬摆摆手：“上一边玩儿去……”偶尔父亲兴起了，也会把她放到腿上，带着她读一段她听不懂的诗词歌赋：“若夫霪雨霏霏……至若春和景明……”父亲的情绪也和天气一样，阴晴不定、忽远忽近的。

这让她很长一段时间对父亲没有任何感觉，谈不上渴望，也谈不上怨恨，就是没有感觉。但是，从十几岁开始，樊伊娜总会被那些看起来病恹恹的，有些书卷气，但感情又很淡漠的人吸引。她14岁就有了性体验，并不断被相同类型的人吸引。

刚遇见李晓东的樊伊娜，还是没有能力看清“眼缘”的欺骗性：吸引自己的，是否就是适合自己的；让自己动心的，是否就是健康的。熟悉且舒适的感觉，或许只是过往的不断重复，因为

熟悉而舒适，因为舒适而跳不出，即使体验的是痛苦，依然让人迷恋。

刚遇见李晓东的樊伊娜，熟悉的味道包围了她，飞蛾扑火一样，她义无反顾地迎了上去。

“你就不应该主动，女生不能太主动的，这样显得自己很没价值。”每个闺蜜都是情感专家。樊伊娜不理这一套。幸福得把握在自己手里，年纪一天天大了，遇到一个让自己心动的人容易吗？该出手时就出手，等着被别人抢走吗？何况樊伊娜觉得自己理解李晓东：“他不是不喜欢，不是没感觉，只是他觉得自己无关紧要，所以才那么被动。这个时候如果我也不主动，他根本不会对我有任何行动。”

在这点上李晓东很感谢樊伊娜最初的热情，的确，她的理解很到位。对李晓东来说，距离太近的任何关系都是种巨大的压力，如果没有樊伊娜最初的热情，他们是不可能在一起的。

但是婚后的樊伊娜却不能在这段关系中获得满足，李晓东的淡漠让她常常感觉空落落的，那种熟悉的干巴巴的感觉再次包围着她，她对甘霖极度饥渴，她开始迷上了社交软件，那些肤浅的甜言蜜语轻易地就能打动她，她开始频繁跟在软件上结交的异性发生性关系。虽然她常常为自己的行为感到无力和沮丧，但就像上瘾一样，每当那种空洞的感觉出现时，她都会忍不住打开社交软件。

两人的关系也因为樊伊娜的不忠而冷到冰点，让樊伊娜绝望的是，即使是自己的背叛也并没有引起李晓东太多的波澜，他依然我行我素，既没有任何想要改变关系的意愿和行动，也没有任何想要摆脱关系的失望和愤怒。于是，两个人的家就成了真正的宿舍，他们开始进入无性、无爱、无交流的婚姻状态，各玩各的，互不干涉。然而即使樊伊娜有很多性伴侣，她依然时常被空洞的感觉穿透，并且她的身体开始出现问题，被妇科病和严重的失眠困扰。

母亲提供乳汁，母亲给予爱，母亲唤起快感，婴儿在成长过程中，逐渐将食物、爱、快感和母亲分化开，能体验到食物不是爱、不是母亲，就能纯粹享受食物，而不会成为进食障碍或肥胖症患者，借由食物来获得爱的感觉或由食物来承担母亲或抚慰者的角色；能体验到快感不是母亲，就不会通过身体获得快感的方式来满足对抚慰的需求；能体验到爱也不是母亲，就可以看到对母亲的恨的部分、母亲不完美的部分，以及可以从其他人那里获得爱的可能性，从而可以和母亲分离。

父亲的角色在婴儿与母亲的分离过程中起着重要的作用，父亲给予孩子的不同于母亲的爱和陪伴，举高高带来的快感、各种游戏带来的兴奋和对世界的探索欲望，都能让婴儿有不同于从母亲那里得来的体验。这些由父亲带来的新鲜体验能帮助婴儿与母

亲分化，逐步摆脱单一的对母亲的依恋，建立丰富的关系，并获得更多信心和勇气，去探索更广阔的世界。

樊伊娜之所以会选择李晓东，是早年关系的强迫性重复。李晓东的情感淡漠是她熟悉的味道，她不自觉地被吸引和卷入，又同样感到无力和绝望。

樊伊娜的父母质量都是不好的，她自幼就被忽视，理想化自体客体需求不断受挫，内心缺失抚慰功能，每当需要处理焦虑时，樊伊娜就会用吃来自我抚慰。她非常渴望被抚慰的安全感，于是从青春期开始就以寻求获得精神上的安抚和凝聚的感觉。她没有能力为自己寻找并建立可以用深刻的情感互动来满足自体客体需要的关系。

由于她得到的并不是她所期待的，所以对安抚的理想化自体客体功能的渴望仍然是受挫的，她越这样做精神就越空洞，且以耗散身体和现实关系为代价。可以料想，那个未被表达、理解和处理的情感需要仍在，并且将继续寻求原始方式附着，很可能会以躯体化形式表达，转化为疑病或各种真实的身体疾病。这个时候，情感需求将进入更深的、更绝望的谷底，治疗疾病将成为余生唯一的象征性的渴望和得到抚慰的方式。裹在老妪躯壳下的仍然是个渴望温暖拥抱的小女孩。

樊伊娜“自愿”卷入一段冷漠的关系是其自身情感模式的强迫性重复。虽然她在无意识中的愿望是疗愈早年的创伤，但如果没有自我觉察，多少次的重复都只是一次又一次的创伤而已。“不识庐山真面目，只缘身在此山中”，这样的自我觉察并不容易。读书、明理、愿意敞开自己倾听他人意见、寻求专业咨询师的帮助，都能帮助我们对自己强迫性重复的部分进行自我觉察。

高共情者的“认同”模式

正如我在第一章讲到的，人会在不同的关系、不同的情境中转换角色，上一节我们讨论了讨好型的人作为施虐者的内心戏，讨好型的人在关系中更多会处于受虐者的位置。

在冷暴力的常见实施方式中我们谈到了“投射”，指的是将自己的心理内容放到别人的身上。在互动关系中还有一种防御机制叫作“投射性认同”，指的是在互动的过程中，投射者将不属于对方的心理内容投射到对方身上后，对方如自己所期待的那样做出相应的反应，即一个人诱导他人以一种限定的方式行动或做出反应的人际行为模式。举个简单的例子：比如一个小女孩哭得梨花带雨，抱着肩蹲在地上，无助地看着我们，我们很想抱抱她、抚慰她，我们的反应和她寻求安抚的需要是相应的，小女孩把她依赖的需要投射出来，我们看到、认同并付诸行动，这个互动过程就是投射性认同。

在生活中，投射性认同无处不在，而且还很复杂。

要完成一个投射性认同，需要关系中的“配合”，至少有以

下三个步骤：第一步，投射者把自己的需要或无法忍受的心理内容扔给别人，投出去；第二步，接收到投射内容的接收者，按投射者所期待的或熟悉的模式来反应，也就是“认同”的过程；第三步，投射者收到接收者的反应，确认自己投射的心理内容。比如前面的例子：小女孩投射依赖的需要—接收者接收到依赖需要并反馈—小女孩被照顾，确认自己的依赖需要是合理的、被允许的。再比如一个人认为别人都不值得信任，于是看谁都像要占自己便宜，因过度敏感而出言不逊，导致别人对自己也很防范，不能很真诚地对他，于是这个人觉得果然别人都不值得信任。投射不信任—接收者接收到不信任的信号并反射回同样的不信任—投射者将自己投射出去的不信任重新认领回来。

一般来说，投射性认同主要包括依赖的投射性认同、权力的投射性认同、迎合的投射性认同和性欲的投射性认同四种类型。依赖的投射性认同通常带给人一种“没有你，我就不行了”的感觉，迫使他人承担起给其生活或情感输氧的责任，接收者往往会有不堪重负、被剥削的感觉。权力的投射性认同通常带给人一种“我很厉害，但你不行”的感觉，接收者往往会有被贬低、需要屈从或无助无力的感觉。迎合的投射性认同通常带给人一种“这个人很有亲和力”的感觉，接收者往往会被激发起喜爱、感激，也可能会有内疚和需要不断给予其认可的压力感。性欲的投射性认同通常带给人一种“魅惑”的感觉，接收者不自觉的产生情欲反应并会使用性与其连接。

对投射者来说，投射性认同是其操控他人的方式；而对接收者来说，在“投射性认同”过程中待在“接收者”的位置，很容易“认同”他人的“投射”也是其与他人链接的方式。所以这样的关系，有时候会呈现一种“一个愿打一个愿挨”的微妙平衡。然而这个平衡非常脆弱，很容易被打破，因为无论是投射者还是接收者，都是被限定的，只有在限定的互动方式里，比如“依赖—照顾”“权力—顺从”“示好—接受”“诱惑—上钩”等关系模式里，双方才能保持平衡，一旦接收者感到负累、想要独立、积累太多内疚感或希望在性以外有更多有深度的情感交流，这样的平衡就可能会被打破。

很容易待在“认同”位置的接收者，往往都具有很高的共情能力、模糊的心理边界和较低的自尊水平。讨好者恰恰具备以上的这些特点。

较高的共情能力让他们很容易就能理解投射者的心理内容，甚至能对投射者的心理内容给予深度的理解，比如“他可能是太希望获得认可所以才这么没法听到不同意见”或“他之所以这么依赖是因为小时候太缺爱了”等。高共情者总会一次又一次地给予施虐者以机会，他们会合理化对方的施虐行为，帮其做解释并开脱。由于他们自身具有高共情能力，所以他们会同样认为对方也是具有这样的能力的，这让他们总是心怀希望和

善意，并尝试以积极的态度去对待他人。这样的善意配合上稳定的自我和清晰的自我边界感，往往是有效的，也就是说高共情者也在进行善意的投射性认同，可以使用这样的心理机制去影响他人。但假如高共情者没有稳定的自我和清晰的自我边界，那么这种善意就会变成一厢情愿的老好人，或者没有原则的懦弱，不但无助于投射者发生改变，自身也会受到伤害。

自我感不强产生的模糊的心理边界，让他人的投射很容易影响这些高共情的接收者，一旦共情对方，就分不清哪些是自己的心理内容，哪些是对方的；哪些是自己应该承担的责任，哪些是属于对方的；哪些是自己的需要或欲望，哪些是对方的。心理边界的模糊不清，还会让两个人深度的纠缠在一起，造成分离困难，他们会宁可要一个糟糕的关系，也不愿面对分离的痛苦。接收者接收的关系往往是自己早年糟糕关系的强迫性重复，他们已经有太多的心理机制和适应能力为这样的关系而发展出来，他们能很好地耐受这样的关系环境，就像在沙漠里成长的植物，已经学会耐受了沙漠的日晒和干燥，让其待在雨林阴暗湿润的环境里反而是不适应的。模糊的心理边界总是会让他们迅速卷入一段熟悉的关系模式里并耐受里面的种种不适，这种耐受为施虐者提供了更多的机会和空间。

想要终结冷暴力，需要打破关系中的投射性认同。当施虐者施加贬低、指责的时候，如果不去认同，这个投射性认同就无法完成，冷暴力也就发挥不出它的威力了。不去认同，需要有力量的自体才能做到。而有力量的自体来自滋养性的自体客体环境，善解人意的朋友、鼓励支持的师长、启迪智慧的书籍、刻画人性的电影、滋润心灵的音乐、风情不同的异域、体验丰富的旅途……所有这些都可能成为我们的自体客体环境，我们是可以参与到自体客体环境的创造中的。

“有时候觉得活着真没什么意思……”

然然轻叹了口气，两眼无神地看着窗外。时近黄昏，路上的人都裹得紧紧地在赶路，没人注意书吧里这个暗淡无光的身影。

自从有了孩子，和朋友聚会的时间都少了，难得和闺蜜然然聚聚，还没聊一会儿，她就爆出这么一句，倒吓了我一跳。

“跟我吐吐槽呗……”我故作轻松。

看着她没神的脸和随意披散在肩上的略显毛躁的长发，我好像都看见了一肚子苦水在里面咣当着。

“真的，我妈每句话都是看不上我，嫌我这个做得不好，那个做得不好……”

就像怕我不信，然然特意在“真的”之后顿了顿：“我不跟她说我的事，只要是跟她说，就没她看得上的，‘你瞧你这干得什么事儿？’‘你瞅你笨不笨啊！’什么的。只要是我说的话，她都不屑一顾……”

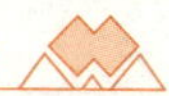

然然语速有些快，她其实很有活力，可这活力上总像压着一层阴霾。

“而且从小到大，我妈总是不信任我，记得小时候，应该是四年级，有一次考数学，我之前数学基本就是勉强及格，那段时间因为换了一个数学好的同桌，我很喜欢她，她也帮了我很多，她讲得我就听得懂，结果考了个九十多分，我妈不但没表扬我，竟然给我讲了半天大道理，什么做人要诚实，不能投机取巧，什么老师站讲台上，底下同学搞什么小动作都看得清清楚楚，考试作弊要处分留级什么的，不容分说地给我讲了一通，你能想象那种感觉吗，就是她根本不关心真正的我，她有一个她心里的我，然后就想方设法地把她的东西灌输给那个她心里的我，旁敲侧击、指桑骂槐，而且说的都是无比正确的话，让你百口莫辩，特别难受。我现在都记得当时那种嗓子堵住了的憋屈，明明感觉被冤枉了又不知道该怎么给自己辩解，就只能哭，哭得都背过气去了，结果让她更以为我理亏，说得更起劲儿。从那以后，我就提不起学数学的兴趣了……”

话匣子一打开，然然就停不下来了：

“我妈这么多年都是这样，就前些天，我们一个同事在领导那儿给我穿小鞋，别人告诉我了，我特生气，但是也不想跟同事撕破脸，就忍了，回家跟我妈面前抱怨了一两句，我妈立刻说：‘人怎么不在背后说别人就只说你啊，苍蝇不叮没缝的蛋……’

我立马觉得自己又被堵住了……"

然然声音已经哽咽了。

"从记事到现在，我妈就从来没有肯定过我，考好了就说你别骄傲，要是做错事，就跟灌毒药似的骂我……所以我一直都觉得自己特别笨，什么都做不好，特别自卑……"

然然越说越激动，说到这儿，嘴角撇了撇，马上要哭了。

我也跟着叹了口气。

伴着这口叹气，然然的眼泪终于还是流了出来。

"我感觉自己从小学起就抑郁……我妈骂我的时候，我气得发抖，真的是在哀求他们了，我说我根本不是他们说的那样的，我说你这么说我，我心里特别痛苦……我妈就会说：'你这孩子真是不正常！'我爸要么附和我妈，要么就干脆不言声儿。我妈老说：'我们都是优秀教师，怎么教育出你这么个不正常的。'我也觉得我不正常，他俩盼着我成龙成凤的，可我现在连过一个正常人的生活都困难……"

然然已经泣不成声了，我一时不知该如何安慰她。她那深深的痛苦、愤怒和悲伤也触动了我，尤其是那句"我们都是优秀教师，怎么教育出你这么个不正常的……"，让我脑子里一下蹦出来一个词——"替罪羊"，一些其他人的故事和画面涌了上来。

我把然然杯子里的水换掉，重新倒了一杯热茶给她。

"你知道吗，你的情况不是特例，父母是优秀的知识分子、社

会成功人士，孩子却有这样那样的心理问题的家庭太多了……”

“是吗？我觉得我爸我妈他们同事的孩子都挺正常的啊！我妈就经常拿他们同事的孩子跟我比，说人家多好多好，我是多么多么不正常……”

“在你父母同事的眼里，你也‘不正常’吗？”

“……那倒不是，他们同事还老夸我看着就特别乖巧……可我心里是怎么样的，他们根本不知道啊！”

“是呀，只有进入这个家庭的内部，听到每个人的心声，才能真正知道他们是什么样子的……我刚才听你说，头脑里就一直有一个词在那儿，你知道是什么吗？”

“什么？”然然抬眼望着我，那眼神痛苦而空乏。她已经三十多岁了，可还跟父母住在一起，一直没有结婚，也没有持续长时间很稳定的感情，因为情绪总是容易波动，工作上也一直没有起色。

“替罪羊。”我回视然然的眼睛。

“替罪羊？这词听着，有股说不出来的滋味，不知道为什么，我听着想哭。”

“嗯，有光明就有黑暗，有正义就有邪恶。你的父母是家里的阳面，你就是家里的阴面。他们是优秀的、正常的，你就是差劲的、不正常的。‘替罪羊’就是一个孩子成了父母阴暗面的表达，某些家庭就是因为有一个‘替罪羊’的存在，父母才取得了所谓的成功，过着看起来‘正常的’生活……不过这往往是暂时的，当那个‘替罪羊’再也承受不住，出现各种状况的时候，肯定是整个家庭都卷到痛苦中去。”

“就像我现在吗？其实我知道我妈我爸因为我也是非常不幸福的，他们也替我担心，但我们一到一块儿，说不了几句话就互相折磨……”

“是啊，比如你知道的，那谁、那谁还有那谁，父母都是名人的……”

“呵呵……”然然被我逗笑了。她接着问：“那到底什么是‘替罪羊’，怎么个‘替罪’法儿？”

“‘替罪羊’现象，简单说吧，就是父母将自己本来有的，但却不愿承认或不愿接纳的一面，都投射给孩子，认为是孩子具有让自己讨厌的品质，不断去贬低孩子，这样自己就不会感觉到痛苦了；而孩子通过对父母投射的认同，最终真正被塑造成父母想象中的样子，并因为父母持续的贬低变得自卑、退缩、分裂。而父母这时会痛心地说：“我们怎么养了你这么不成器的孩子！”

“天呢，你说的就是我，就是我们家！我妈从小就说我‘说不得’，或者死不认错，要不就说我爸好面子，但是你知道吗？我越大就越看得清楚，我们家最好面子、最说不得、从来不觉得自己有错的就是我妈，她说别人什么都行，别人一说她，她立刻就会想方设法说是别人的问题，自己做不好的地方都看不见，别

人有一点儿没做好，她就揪着不放……”

“嗯是的，她这样不断说别人，就不必去面对自己做得不好的痛苦。”

然然好像在咀嚼着这些话背后的含义。

我继续跟她说：“比如你刚才说你小时候凭同桌的帮助、自己的努力考了好分数，可你妈并没有试着去了解发生在你身上的事实是什么——你遇到了好伙伴，自己也付出了努力；也不考虑你的需要是什么——对你努力的鼓励和取得成绩的肯定，却去教育你不要抄袭。显然这部分根本不是你的，既不是你的事实也不是你的需要，而是你妈妈把自己在意的一些东西扔到了你身上……”

然然认真地听着，我接着说：“那她为什么这么做呢？她到底把什么属于她的东西扔到了你身上呢？我们推测一下，很有可能是她自己有投机取巧的行为或想法，而她觉得这样非常不光彩，特别不愿意让人知道自己有这样的一面，甚至可能也会防范自己意识到自己有这一面，于是就会对这类事特别敏感，哪怕是想象中的，通过对你不分青红皂白地教育一通，好让自己表现得像一个非常正直的、只做正当努力的人……就像是一场演给所有人包括自己在内看的戏，通过大声地喊口号让自己相信我也是这样的一个人。”

然然表情非常复杂，恐怕心里已经五味杂陈了。沉默了几分钟，她说："我忽然想明白了我们之间发生的好多好多矛盾。"

我又叹了口气。

"她这样做的结果就是，忽视了你内在真实的感觉是什么，她讲的那些非常正确的道理，都和你内在的感觉是无关的。作为一个小孩子，你没法细细的分辨这是妈妈的心理现实和想法，而不是你的。妈妈说的那些道理又是那样不容置疑的伟大光明正确，即使你明明感觉不对劲儿也无力反抗，所以你就堵住了、僵在那里了。妈妈总是忽略你内在的感觉，这也让你不断的怀疑自己，对自己的感受产生动摇，所以会越来越不自信……"

然然的眼泪再次流了下来，可这一次似乎不是憋屈的眼泪，而是因为被深深的理解到了。

和然然分开后，我也是感慨万千，忍不住想起了女儿，反省我有没有像然然母亲那样，用自己的心理垃圾去占据孩子稚嫩的心灵。世间所有的爱都是为了在一起，唯有父母对孩子的爱是为了分离。孩子能真正自信而独立，才是父母的成功。而父母将孩子留在自己身边的最"好"方式就是贬低和忽视，让孩子没法形成稳定的对自己的认知和自信，内心变得空乏无力。一种结果就是像然然这样，发展不出良好的社会适应能力，怨恨着父母同时又依赖着父母。还有一种就是，虽然在空间上和父母保持着距离，但心理上却紧紧缠绕在一起，无论走到哪里，内心总有一个贬低的声音在那里，无法挣脱。

这些都不是真正爱孩子的父母愿意看到的。

在本章中，我们讨论了冷暴力的发生原因，包括个体的因素和在关系内互动的因素。有人故意使用冷暴力去操纵控制他人；也有人并未意识到自己的言行对他人的影响，甚至都不能意识到自己对他人施加了冷暴力；还有人因为情感模式的强迫性重复而卷入一段纠缠的关系中。无论是哪种情况下，冷暴力都是一种攻击行为，有些是来自恶意的目的，这种情况下，有能力离开是最佳选择。还有一些来自自体客体体验失败后的愤怒，来自对自己和他人感知的偏差造成的共情失败，或者来自情感模式的强迫性重复。这几种常常出现在亲密关系中，我们可以通过共情、自我觉察和打破投射性认同来应对。讨论冷暴力原因的目的还是希望可以远离它，让关系可以变成心理营养的来源。但亲密关系中的冷暴力很难完全消除，就像我们在第二章和本章讨论到的，很多冷暴力是因为个体在自我防御、自我保护的过程中才产生的。个体只要存在这种心理需要，关系中就难免磕磕碰碰。很多情况下，我们只是将冷暴力限制在一个关系可以容受的范围内。怎样可以做到这一点？实际上我们前几章都在回答这个问题。你已经看清了前面路上有个大坑，还会走这条路吗？就像变戏法的揭露了谜底，我们越是清晰冷暴力发生的原因、方式、影响，我们越能把握它。在下一章，我们来做一下总结。

第五章

怎么做可以让我们远离冷暴力

01 远离冷暴力的第一步是感知它们

正如本书开篇所说，想要远离情感冷暴力，首先需要感知到它的存在。就像我们的身体对刺激有痒、酸、痛、麻、木、不仁等不同程度的反应，面对冷暴力，我们同样会有不同的感知程度。用身体反应来类比对冷暴力的反应比用数字0~10来评估更生动鲜活，你也可以根据以下级别来评估自己受冷暴力影响的程度。

无关痛痒

身体对刺激的反应是痒，说明身体气血充足，气血正向创伤部位汇聚，创伤并不严重或正在痊愈中。我们在体验他人的贬低、指责等挫伤自尊的言行时，感觉“无关痛痒”“不痛不痒”，说明我们的自体内聚，有稳定的自尊和自我认知，他人的评价并不影响我们对自己的看法。假如我们感觉到的是“瘙痒难

耐”“痛可忍，痒不可忍”，说明虽然冷暴力让我们感到厌烦，但我们对它是有自己的判断的，自我的力量是充足的，冷暴力没能伤害到比较根本的自尊。同时我们强烈想要摆脱这种刺激，且清晰知道我们有选择的权利。比如在校园或职场，假如我们深知自己并没有做错什么，却因某种原因被个体甚至团体施加冷暴力，或许我们会有这样的反应。在亲密关系中，伴侣把属于他的焦虑扔到了我们身上，而我们知道那是对方在“迁怒”或“找茬”，跟我们并没有太多关系的时候，我们也可能感觉厌烦，但并不影响我们对自己的看法。

这种情况下，由于我们的正气充足，内部是清晰、坚定、有力量的，可以采取的应对策略有很多。比如可以沉默和回避，也就是冷处理。冷处理是避免纠缠进冷暴力的好办法。当我们不把脸伸过去，对方吐出去的口水只会落到他们自己的脸上。冷处理和强行忍住是不同的，后面我会讲到。

我们也可以选择积极沟通，共情对方是怎样想的，陈述自己是怎么想的，澄清误解，同时亮出自己的态度，让关系畅通。当我们自己是自信而稳定的，我们才有可能以述情的方式进行积极沟通，将重点放在客观事实、我们自身的感受和希望对方做到的地方，而不会继续上演抱怨和指责，刺激对方继续这样针对我们。述情的沟通方式我们在最后一节会讲到。

有些酸楚

身体对刺激的反应是酸，说明经络是通的，但气血不足。比如我们伏案久了，感觉颈肩酸痛，这个时候我们可能会自己揉一揉，或者做一做理疗，用加热、按摩等方法帮助身体去加速气血的流动。如果我们在体验他人的贬低、指责等挫伤自尊的言行时，我们感到的是“酸楚”“酸心”“酸鼻”“酸溜溜”，说明我们的自体有一定的统整性，结构基本上是完整的，但面对冲击，仍然产生了一些不适，我们需要更多力量来保障自己不会进一步受到伤害。就好像一棵树，根茎叶各部分都长好了，功能也都正常，但连续的干燥环境，可能造成它因为水分不够而皱皱巴巴的，不够滋润。心灵持续需要自体客体环境的滋养，我们可以尝试为自己寻找能够滋养自己的环境。由于正气尚足，我们能够知道我们被冷暴力伤害到了，但我们还能维持基本的统整状态，一般也有能力调适自己，比如我们可能会去看场电影转换下心情，或者约朋友出来聊天吐吐槽，或者寻找能够信任的亲人、老师或领导帮助我们处理所面对的问题等。就像脖子酸了需要揉一揉，我们会积极调动自身的调节系统来应对和处理这种不舒服的感觉。

痛苦不堪

身体对刺激的反应是痛，说明创伤处不但气血不足，经络

也是不通的，有淤血汇聚在创伤处。比如女性痛经，痛提示她的下焦有寒、有淤血、经络也不畅通。这个时候得需要动用活血化瘀、驱寒散痛的药物才能帮助治疗。如果我们在体验他人的贬低、指责等挫伤自尊的言行时，我们感到的是“痛不堪忍”“痛彻心扉”“痛不欲生”“深恶痛绝”，说明我们的自体已经失去统整，冷暴力的利刃已经穿透了我们的防御，创伤到了很深的位置，我们被激发出了悲伤、痛苦、绝望、愤怒、憎恨等很多情绪，这些情绪都在撕裂着我们。这个时候我们更像一个在肆虐风雨中挣扎的纸灯笼，我们需要的是安全的不再继续创伤的环境和帮助我们修复的力量。由于我们的正气已经不足，自体已经失去统整，我们很可能因为害怕再受伤而封闭自己，拒绝他人的帮助，我们可能会独自一人在黑暗的角落舔舐伤口，也可能为自己的遭遇感到愤怒和羞耻。但痛的感觉，从积极的角度看，它在提示我们哪里有伤口，提示我们需要去注意，有痛感是改变的开始，是好事情。如果你想独自面对，那首先要离开伤害你的人或环境，避免伤害加剧。如果物理空间上无法远离，也要在心理空间上为自己建一个“结界”，一道防护。我知道这肯定不容易，但是如果你可以做到，就不会这么痛苦了。所以这种情况下，虽然你可能排斥求助，但最好的办法仍然是第三方的介入，比如将我们的痛苦告诉可以信任的老师、朋友，或者寻求专业的心理咨询师的帮助。第三方介入的部分，我们后面还会详细谈到。

麻木不仁

当身体对刺激的反应是麻木不仁，情况就比较严重了，“麻”是气还能过来一点儿，但血过不来了；“木”的感觉说明气血都已经过不来了；“不仁”则指肢体麻痹，已完全丧失感觉，“肉死针刺不痛”。手被烫疼了我们才会缩回来，如果感觉不到疼痛，我们就无法避免危险。

所以我们常会看到一些家庭，虽然充斥着冷暴力，彼此折磨，但他们已经习以为常、麻木不仁，身处其中的每个人都不能觉察到自己的关系存在什么问题。当外界对他们有所冲击的时候，他们就会封闭自己。在这样的家庭中，往往最先感到痛的是孩子，孩子长大之后，逐渐接触更多的关系，有了自己的想法，就开始无法继续麻木下去，开始痛，开始反思，开始改变；也有可能，家庭中的某个脆弱个体，最先崩溃，用严重的躯体疾病或自残自杀等行为唤醒家里的其他成员。

35岁的谢悦和男友在一起已经两年时间，男友承诺一定会娶她，却从未将她介绍给自己的朋友和家人。男友同时还和其他女性保持暧昧的关系，谢悦每次因为这些事生气，男友就以分手威胁，并会怒气冲冲责备谢悦过度敏感，谢悦每次都会因为害怕被抛弃而赶快承认错误。男友说如果有了孩子就结婚，于是谢悦开

始不避孕，并成功怀孕。男友以自己还没准备好当父亲为由要求谢悦打掉孩子，并且没有在谢悦做手术当天出现，让谢悦一个人处理了所有问题。谢悦痛苦不堪，发誓不再理男友，但在男友再次出现在她面前并花言巧语请她谅解时，她还是原谅了他，并再次发生了性关系。谢悦的朋友都因为劝她离开男友被谢悦疏远，她不想听到这些话，觉得她们是不想让自己过得好。

有些个体，虽然在关系中痛苦不堪，然而却对是什么让自己痛苦显得非常愚钝。就好像一直在拉肚子，却不知道是吃什么吃坏的。这种情况下，往往个体非常难从一个伤害自己的关系里脱身，甚至可能会主动为自己所经历的痛苦进行合理化解释，比如，“日子都是这样过的”“我的命就是这样了”；或者为对方找借口开脱，“他其实是爱我的，只是不会表达”等。有时候，旁观者甚至比身处关系其中的人还要着急：“他都这么对你了，你怎么还不离开啊？”当我们在生活中反复听到类似的反馈，那么就需要保持一点警醒，或许是我们的讨好者模式、受虐情结或较低的自尊造成了我们的木然。这种情况下，我们可以试着跟信任的朋友聊一聊，听听别人的“旁观者清”的看法，有助于我们反思自己所处的境遇，必要的时候要去寻求专业的帮助。

还有一些个体，他们使用解离的方式处理负面感受。在第一章叶子的故事里，她就使用这样的心理防御机制将被父母忽视、被小伙伴耻笑、无助而羞耻的感觉解离掉。解离就是分解、分离，指的是一个人无法意识到自己完整的状态，很多碎片的部分脱离了凝聚的自体。比如一个孩子总是被父亲打骂，他承受不了又逃不掉，他可能就会使用解离的防御机制让自己感受不到痛苦。他觉得自己好像没有了感觉，灵魂飘到天花板上，看着正在被打骂的那个人，而那个人不是自己，自己也感觉不到痛。

解离症候群包括不真实感，比如环境不真实感、自我不真实感、痛觉不真实感、刺激不真实感；遗忘；或者成人呈现儿童一样的退行状态。解离症候群是创伤后应激障碍症候群的典型特征之一，在经历过比较严重的身心创伤的群体里非常常见。被情感冷暴力所创伤的群体，由于被精神虐待，内心本来是有痛的，并会因为这个痛而产生强烈的羞耻感，为了防御这种痛和羞耻，于是就会使用解离这种防御机制来让身心变得麻木。这样的机制虽然在一定程度上保护了心灵免受痛苦的折磨，但麻木和隔离也让身心感觉都变得迟钝，对世间美好的部分同样变得很难感知。他可能会感觉到自己像个假人生活在世间，常常感到好像跟世界、跟他人之间隔着什么，经常会有不真实的感觉。他对自己的感受不是十分清楚，好像没有太高兴的事，也没有太烦恼的事，但又会觉得内心十分空洞而绝望。解离并不是应对冷暴力的好方法，它是一种心灵被逼入悬崖边缘时的自保，是不得已的防御。当我们在冷暴力环境中感觉麻木不仁，我们需要寻求专业人士的帮

助。心理咨询师会帮助我们逐渐地、安全地恢复自己对自身和世界的感觉，让我们可以深刻的感受和体验世界，有力量和他人连接，而不会生活在恐惧中。

什么时候/才能闻到一朵花的香气/什么时候/才能尝到一口水的清爽/什么时候/才能触到孩子皮肤的光滑/什么时候/才能发自内心的笑/什么时候/才能走到无尽路的尽头/什么时候/才能回望深渊/道声永别/什么时候啊什么时候/你深海一样的心/有多少情非得已

02 在亲密关系中增加自体客体体验

面对冷暴力，我们一般怎样应对

《情感冷暴力调查问卷》中，“面对冷暴力，您一般的解决办法是什么（可以多选）”一题综合男性女性答案的结果如下：

51.8%选择尝试主动沟通；46.9%选择也以冷暴力回击；33%准备结束这个关系；28.6%选择沉默，等对方先开口；27.7%选择找朋友倾诉；23.2%选择忍受，没有太多办法；17.9%选择摔东西或喊出来发泄不满；16%选择默默哭泣，希望唤起对方怜惜；11.2%选择找别人帮忙跟他沟通；8.9%选择求助心理咨询师；8.9%选择身体会不舒服或生病，对方往往就软化下来；4%选择动手打人；2.1%选择其他。

总体而言，在面对冷暴力的时候，我们一般会有以下几种反应（校园和职场冷暴力我们前面分别论述过，这里只谈亲密关系中的冷暴力）：

第一，被对方的情绪左右，失去自我。比如我们可能会变得愤怒，并同样以冷暴力回击，或者通过其他方式来发泄自己的不满。这个时候，对方同样接收到的是冷暴力，往往不但不能有助于事情的解决，反而会让冲突进一步白热化。此时双方都无法为对方提供自体客体功能，只会不断的继续挫败对方。

第二，同样是失去自我，被对方的贬低“摄住”，但并不对对方愤怒，而是攻击自己。我们可能会感到非常沮丧抑郁、会封闭自己、会默默哭泣、也可能身体开始不舒服等。也有可能会哀求对方停止对自己的施暴，甚至即使满腹委屈，也会为了中止对方对自己的伤害而向对方道歉。然而这样的示弱，并不能中止冷暴力，那只会让自己的边界一退再退，对方可以长驱直入。这种关系下，双方都不可能为对方提供自体客体功能，只会让这个关系在不断地失衡中最终断裂。

第三，结束关系。这听起来是一个比较主动的选择，也需要一定的自我力量，但仍然要具体情况具体分析。假如面对一段长期的备受折磨又无法终止的关系，我们终于有力量、有能力选择结束，那说明我们成长了；但假如每次遇到关系中出现张力，都以中止关系作为解决办法，显然无助于我们为自己创造稳定、持续、有质量的关系。

第四，选择忍受或沉默。我们在上一节里详细讨论了“忍”。如果是一种有觉知、有分寸的“忍”，对关系双方的状态都有所觉察，能够在双方情绪平复后展开积极沟通去解决问题，那么“忍”就是一种积极的应对策略。在某些情境下，一方的“忍”实际上为双方都提供了一个更大的心理空间，让一方有机会释放出一些压抑的情绪，表达内心的痛苦和失望，而不会被报复或抛弃。这个时候一方是在为另一方提供自体客体功能的，关系可能会因此而有更深的链接。假如不是这样的“忍”，只是出于害怕关系有张力或害怕关系断裂而避免冲突，并不是真的理解关系中正在发生什么，那么这种“忍”就可能是一种愚蠢盲目的行为，不但会伤到自己，最终也会伤到关系。

第五，选择第三方介入。从调查结果来看，男性似乎更倾向于找人来帮忙跟对方沟通，而女性找朋友倾诉的比例远高于男性；在求助专业人士的选择上，男女比例基本一致，相对来说都比较低。正如我们之前讨论过的，冷暴力常常来自自体客体体验失败后的愤怒，所以第三方的介入，其实是我们在尝试从其他人那里获得自体客体体验。假如我们能够从朋友或咨询师那里获得这种体验，自体稳定了，就有助于我们在回到创伤关系内去修复关系。很多女性都会有类似的经验，跟老公吵一架后，去跟几个小姐妹吐吐槽，回来心情好很多了，对老公也能更宽容一些。

在第三方介入的问题上，常常会遇到很大阻碍。第一重阻碍就是羞耻感。“家丑不可外扬”的观念让很多人宁可选择独自忍受，也绝不会将自己的痛苦告诉其他人，即使是有保密承诺的心

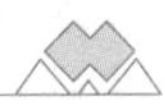

理咨询师。求助也是需要足够的内在力量才能做到的。因为求助行为本身也会影响我们对自己的感觉，可能就会让我们感觉自己不够好、有问题。另外拒绝求助也有可能是害怕被控制。其实我们的生活都需要借助他人的力量，不妨勇敢尝试一次，或许会有全新的体验。

第二重阻碍是寻找第三方的动机。跟闺蜜吐槽虽然能缓解一时的情绪，但不能解决根本问题，因为我们常常只是宣泄了情绪而已。大多数人寻找第三方的动机并非希望得到不同的视角和领悟，而是希望找个法官来主持公道，或者找个人站在自己这边替自己说话。即使问题暂时缓解或掩盖，也不能解决根本问题。

第三重阻碍是第三方的质量，不一定有能提供自体客体功能的第三方。“清官难断家务事”，就像我们前几章所论述的，亲密关系中的互动非常复杂，涉及各种内隐的情感模式、各种防御机制的互动、各种内心需要的碰撞，即使是专业的心理咨询师，也需要花一点儿时间才能弄清楚这个家庭内部究竟发生了什么，看到双方的诉求，帮助他们找到可行的解决方案。我们身边的朋友往往都不具备这样的能力，他们的视角或建议有时候不但不能提供帮助，还可能让我们再次受到创伤，更不愿意跟朋友提及这些隐痛。因此，当我们受苦于冷暴力想要求助时，要选择能为我们提供自体客体体验，也就是那些能让自己更稳定更有力量的第三方介入，才能帮助我们应对冷暴力。

第六，积极主动沟通。这个选择本身就意味着我们评估认为关系仍然有存在的需要和可能，愿意尝试解决问题，希望双方的情感能流动起来。积极沟通仍然可能有以下两种形式，第一种形式是单向沟通。虽然我积极主动沟通，但目的是要告诉对方错在哪里，以后要注意什么；或者只是想尽快承认错误，让对方消气，让关系得以继续。这样的单向沟通，要么忽略的是对方，要么忽略的是自己。第二种形式是双向沟通。看看我们之间发生了什么，怎么做才能让彼此互为自体客体体验的提供者。双向沟通才有可能让关系真正得到修复、发生改变。

双向沟通的基础是理解，理解自己的需要也理解对方的需要，这需要具备以下两方面的能力，一个是倾听，另一个是表达，做到“善听会说”意味着我们不仅要听到对方表达的“事”，还要听到对方表达背后的情感、愿望；而我们表达的时候，也同样包括事实、感受和需要三个部分，以述情的方式减少关系张力，增进双方理解。

共情和理解，创造自体客体体验

承受对方冷暴力的时候，要去同频对方的感受，共情和理解对方的主观体验，不是一件容易的事。这需要我们先放下自己的感受和需要，站在对方的立场上，看看他发生了什么，为什么会怒火中烧或拒人千里。我们尝试进入对方的主观体验，理解他哪

方面的需要受到了怎样的挫败，激发了怎样的防御和反应。一旦对对方有了更深刻的理解，我们的反应就有可能会发生变化，而对方也会因为我们反应的变化而相应产生改变。虽然这可能是一个非常细腻、反复而漫长的过程。

晓黎常会因为男友乔明没能及时回复自己的信息而焦虑恼火。当晓黎再一次嗔怪乔明没有及时发信息给自己时，乔明不置可否，既没有道歉去哄晓黎，也没有指责晓黎小题大做，他理解晓黎并不是针对他没有及时回信息这件事在抱怨他，她是因为内心积累了太多的不安全感，10分的不安全感有2分来自乔明没有及时回复这件事的诱发，8分都来自过去经历中体验到的恐惧。所以他只是在她抱怨的时候抱着她，轻轻抚摸着她的背。那个瞬间，晓黎感觉自己很深的焦虑和恐惧被允许表达，且被一种稳稳地存在所回应，他既没有报复自己的“任性”，也没有因自己提出了“任性”的要求而抛弃自己。同时，这种“任性”虽然被允许，但也并没有被鼓励。她在这样的一种微妙的心理空间里放松下来，就好像心里某个地方充盈了起来，这时才有能力看到乔明的需要。所以当下一次乔明没有及时回复晓黎的信息时，她已经能够独自耐受一些焦虑，并体谅乔明的感受了。

晓黎的改变不会一蹴而就，但在乔明这样深刻的理解和恰当的回应中，晓黎会获得点点滴滴的新体验，帮助她重新建构自己的情感世界，她会逐渐将不能及时回应自己与被忽视的感觉分开，意识到对方是一个独立的个体，并不能时刻都及时回应自己；知道即使对方没有及时回应自己，依然可以是在乎自己的；慢慢学会耐受在没有得到回应时产生的焦虑，并越来越能独自消化这种感觉。

当思佳理解了大明自尊的脆弱性，她开始调整自己说话的方式，减少反问，尽量不用贬低的话刺激大明，而更多只陈述事实或给以肯定和鼓励。比如将“你怎么还不去刷碗”“你怎么又忘了给豆豆听写”改成“一会儿你能刷一下碗吗”“你能给豆豆听写吗”等商量的语气；将“这有什么的啊，这都是你应该做的”改成“今天豆豆和爸爸一起学习时特别认真”等看到和肯定积极、进步面的方式。虽然只是非常细微的语气和说话方式的改变，却让大明的感觉好了很多，家庭的张力减少了，气氛变得更和谐。

而大明也意识到了自己自尊的脆弱性，所以才会对思佳的反应过度敏感，很多并非是思佳的本意，而是自己由于脆弱性而有的过度解读。自己也会因为防御自己的脆弱性、维系优越感而贬低他人，尤其是思佳。共同的专业，让大明和思佳之间存在着竞争和嫉妒，但之前大家都不愿承认这一点，也就很难将其变成一

种积极的促进双方共同成长的因素，而成了互相贬低的诱因。大明意识到这些之后，再听思佳说的一些话，他就更能以思佳原本的意思去理解，而不再会曲解或投射。比如当思佳说“领导给了我的研究一些很好的反馈，我更有干劲了”的时候，大明没有再将自己的部分投射给思佳，而是以思佳的愿意理解了她，说“有领导支持，那太好了，后面工作肯定会更顺利”，思佳听了大明的反馈，受到了鼓舞，也特别高兴。

当大明和思佳能更深刻地理解了对方的脆弱和需要并能给予恰当的回应，家庭就不再是他们自体客体失败的来源，他们之间就能互相提供自体客体体验，提供镜映的功能、抚慰的功能。家庭真正成了调节他们情绪、稳定他们自尊、给予他们支持的避风港，彼此的支持让他们的自体不断强健，充满活力，有力量去面对外部的风风雨雨。这不正是家存在的真正意义吗！

温莉的学习能力和领悟能力都非常强，她很快意识到她可以继续沉浸在自艾自怜里，也可以做些什么来改变和高建之间的关系。她不再指责抱怨高建，而是开始转向自己，那些年轻漂亮的小姑娘只是自己的假想敌，而真正的敌人是自己失去的自我和不自信。从小到大，她的自尊都完全建立在他人的回应和认可上，她为了获得自己需要的养分，不得不为满足他人而活。人到中年，她才猛然间意识到“好像从没为自己活过”。虽然高建和母亲一样，在某种程度上“使用”她作为自己炫耀的资本，但其实她也需要高建给予自己认可，才让自己有存在和价值感，从这个角度看，其实她非常依赖高建。这几年温莉之所以感觉高建没有像之前那么重视自己，是因为她从辞掉工作开始，对自身的价值感就产生了怀疑，她把全部渴望认可的需要都放在了高建一个人身上，她越是这样做，高建越是感到压力，回应的时候就会更多的不耐烦和拒绝。温莉就将所有这些不耐烦和拒绝都归结于自己真的很糟糕。当温莉看清这点，她开始重新审视自己。虽然岁月在她外貌上留下痕迹，但是年龄带给了她涵养和成熟的韵味；她和高建一起度过很多艰难的时光，她了解这个男人需要什么、什么地方最脆弱；最重要的是，她爱他们的家，而高建也一样珍惜他们的小家。看到这些，让温莉逐渐恢复了自信，她开始健身，恢复精力充沛、容光焕发的自己，为自己而美丽。她在孩子上小学后开始了一份兼职工作，重新有了经济收入，也在工作中获得了价值感。她发展更多的兴趣爱好，让自己空闲的时间充实起来。所有这些尝试，都让她变得更加智慧、成熟、自信、开朗，高建的态度也因她的改变而发生变化，两个人共同出席的社交场合更多了，生活有了更多的交集和谈资，关系变得融洽起来。

人是具有主观能动性的，面对困境，我们可以做出自主的选

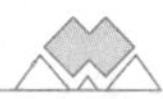

择；面对恶劣的心理环境，我们也可以将其转化为无害的甚至能滋养我们的环境。自体客体指的不是一个外部的自体和客体之间的关系，而是一种心灵内部的体验。比如同样是一个严厉的领导，我可以将其体验为一个迫害我的坏人，也可以将其体验为一个砥砺我的前辈；同样的一句话，我可以将其体验为对我的羞辱而因此脆弱不堪，也可以将其体验为对我的格外激励而更有力量。外部的这些信息是否为自体客体体验是经由主体体验进行转化后才完成的，我们可以将外部信息转化为对维持自体稳定有益的体验。也就是说，我们并不是一个被动的自体客体回应接收器，我们其实参与了自体客体体验的创造过程。严厉的领导，我接收到了他的严厉，然后通过将其感受成是对我的砥砺，成功地将其转化为我需要的自体客体体验：我的能力是被看到的、被重视的，领导希望我更优秀。我们创造性的赋予一个人、某种体验或某个物品以某种特质或某种意义，促使那个人、那种体验或那个物品满足我们的自体客体需要。

高建在温莉陷入自卑低落的时候，并不能为温莉提供自体客体体验，他不能承接温莉，为她提供足够的支持。很多人在和温莉处境相似的时候，也会像她之前那样抱怨、憎恨，甚至不惜毁掉关系或出轨去寻找能为自己提供自体客体体验的人。温莉则选择了转化。她理解高建其实在内心深处有很自卑的部分，他是在借助自己来提升他的自尊。而当自己也陷入自卑的时候，高建内心的自卑部分也被激活，他当然很难帮助温莉消化而且会排斥，就像他不愿意看到自己这个部分一样。温莉积极为自己创造自体客体环境，让自己内部充盈起来。高建自卑的部分虽然未经处理，但因为温莉重新自信起来，有力量为高建输送心理养分，两人因此进入比较良性的循环中。

温莉转化的关键在于，看到高建对自己态度的变化后，并不将其体验为一种利用，好像只有自己有使用价值时才值得爱，当她那样想的时候，只会感觉更糟糕。她能将高建对自己态度的转变理解为是其自身的脆弱造成的变化，将他对自己的期待更积极的解读为一种相互的需要，彼此虽然都有残缺，但相互扶持就能圆满彼此。这样的容纳让双方都有了变化的空间。

“对境转心”的能力是我们每个人的心灵都具有的，只是大多数人都未曾有意识的训练过，不能灵活使用。想想每一次我们遇到挫折后重新振作起来的过程，其实都完成了一次将挫折变为经验的转化。“心随境转是凡夫，境随心转是圣贤”，当我们可以熟练地使用这个心理能力，或许一人一景、一草一木都能成为我们自体客体体验的来源。

主动为自己创造能滋养自己的环境

从温莉和晓黎的故事里，我们可以看到，她们从他人那里获得了共情、理解、支持的自体客体经验，并能将这些最初由他人

提供的好的功能内化进自己的心理内容，变成自己的能力。这些在新关系中的经验有助于她们重新组织自体体验，发展新的情感处理模式，改善自身的自体客体环境。

正如莫言所说："在辽阔的生命里，总会有一朵或几朵祥云为你缭绕。与其在你不喜欢或不喜欢你的人那里苦苦挣扎，不如在这几朵祥云下面快乐散步。"当我们的环境中能够滋养自己的关系太少的时候，我们可以主动创造自己的祥云，为自己建立更多元的人际支持系统。

假如你正在承受冷暴力，你需要知道，如果因为羞耻或恐惧而隐瞒你正在经历的痛苦，只会让自己更加孤立无援，深陷泥潭而没有出路。这个世界上，需要有亲人、朋友知道你正在承受的痛苦。如果你确实不放心，可以向专业人士，比如心理咨询师求助。你需要一个关系，在这个关系里有人可以知道你正在经历什么，如果有能力和你一起去面对就更能帮助到你。

你还可以拓展自己的社交圈子，为自己创造更多元的人际支持系统。积极去参加社会活动或加入一些兴趣小组，结识一些新的朋友，获得与以往经验不一样的体验。如果你需要更深度地支持，也可以加入专业的心理成长团体。

我业余爱好刺绣，每年都会和几名学员组成一个兴趣小组，大家一起刺绣。在这样的兴趣小组里，大家有着相同的爱好，可以放松的聊聊天，以兴趣为切入点逐渐加深了解，彼此间可以获得情感支持；也会因为知道每个人都有自己的烦心事，感觉自己并不孤独；小组成员间还能互相学习和交换生活经验，观察和效仿别人的举止行为，进而重新审视自身的状态，改善自己的生活态度和交往模式。

就像段子手说的“跟着苍蝇会找到厕所，跟着蜜蜂会找到花朵”，话糙理不糙，我们无法选择父母，但和什么人做朋友和恋人，决定权却在我们的手上。试着创造属于自己的祥云，更多置身于滋养自己的环境里。

03 觉察内隐的情感关系模式

我家养了三只猫，它们都曾经是流浪猫，其中“小咪”和“团子”虽然流浪过，但和人很亲，家里来了陌生人，它们不但不会跑，反而会过来蹭一蹭，可以想象它们在流浪的时候，人类对它们也是友好的。另一只白猫“老三”在流浪的时候被人追打过，所以非常没有安全感，家里来了生人，它一定会找一个旮旯藏起来，等人走了才出来。我们如果说话稍微大声一些，即使跟它毫无关系，它也会显得惊慌失措，始终在一种焦虑不安的状态里。我们花了将近半年的时间让它感受到家和家人是安全的，慢慢地它能放松下来，听到什么声音或者有人走近它，虽然仍然有不安的感觉，但也不会立即逃走了。

在小咪、团子和老三的心里，都有着内隐的或者说无意识的情感关系组织原则，就像程序一样，和人类在一起时就会自动启动、自动运行。程序是和人互动的结果。蹭一蹭会得到吃的和爱抚，还是蹭一蹭会被踢一脚，直接影响了它们如何建构这种内隐的情感关系组织原则。

猫尚且如此，人类的情感世界更加复杂。我们如何缔结关系、如何表达自己的需要、如何暗示我们的需要、如何回应别人的需要、如何回应他人的暗示、如何表达愤怒、如何表达拒绝、如何让别人顺应自己、如何让别人可以成为自己的支持者……所有这些人际间的互动，都在通过我们的情感关系组织原则来运作。这些原则有很多我们并未觉察，就像老三一样，碰到生人听到声音就藏起来是它已形成的一个程序，瞬间启动，不管这个生人是否真的对自己有威胁。假如它没有机缘遇到我们，没有进入一个温暖安全的家庭，有机会通过新的体验去改变这样的一个程序，或许后半生它都要生存在一种躲躲藏藏的恐惧里。在流浪时期，这样的警觉或许是必要的，它可以让老三避免被伤害。但到了安全的环境，这样的警觉就会变成一种负重，持续的警觉也会伤害它的身体。持续处于应激状态会缩短动物的寿命。

同样，在创伤环境里长大，我们也可能会形成一些为了适应当时创伤环境的自我保护的程序。比如在冷暴力环境中长大，我们可能会形成一系列的讨好行为去隐忍冷暴力，或者学会了反击、以暴制暴。离开创伤环境，我们依然会无意识地将这些情感关系模式带入自己新的关系里。假如我们对自身这些隐藏的、程序化的情感模式没有觉察、理解和转化，那么我们可能会一直被束缚在这些程序的自动运作中。

谈过5段恋爱的晓黎又经历了一次极为短暂的只有一个月的恋爱，但这次分手后她却始终无法释怀。在以往的恋爱经历里，她始终是那个把握恋情节奏的人，她感兴趣、她诱惑吸引、她同意可以在一起，她决定可以发生关系、她提出分手……虽然在细节上有所不同，但这5段恋情似乎都是这样的模式。晓黎有很强的情感操控能力，她能敏锐感知对方的需要，擅长建立关系，也擅长使用冷暴力，比如用指责和贬低来控制对方，当历任男友和她有摩擦或提出分手，她也会采用自虐和自我贬低的方式，让对方产生同情、不忍或内疚来挽回感情，且屡试不爽，但每次挽回后，晓黎就感觉到兴味索然，很快就会主动提出分手。然而这段短暂的恋爱却有着非常不同的体验，“我和乔明棋逢对手”，晓黎半开玩笑的形容。在快速的相互吸引和短暂的相处过程中，乔明似乎很快看透了晓黎的情感手段，在他们第一次产生摩擦的时候，乔明就“一点儿也不惯着我”。

确定恋爱关系三周多的时候，乔明要出差，上飞机前两个人还在微信联系，晓黎叮嘱乔明到了要立刻跟我联系，“我是想让他知道我在意他呀”，晓黎对乔明和历任前男友行程的控制程度都很高，也都冠以在乎之名。晓黎计算时间乔明应该已经抵达了，却没有收到他的信息，于是晓黎发微信过去问到了没有。乔明立刻回复：“到了，正在取行李。”晓黎收到后的感觉不是放心了，而是在一瞬间就非常生气：落地后的第一反应竟然不是跟自己报平安，怎么能这么不在乎自己！虽然后来她也反思这个生气里面有很多表演的成分，但那个时候她并不想克制这种表演，她觉得在关系之初，一定要确立自己在乔明心中的位置。于是她立刻发语音过去责怪他：“你到了为什么不先发信息给我，上飞机前还说得好好的，刚这么会儿就把我给忘一边了。”她预想乔明一定会回个信息道个歉哄哄自己，这样自己也就满意了，没想到的是他半天都没有回复，于是她表演的娇嗔开始升级成了真的生气，又发信息过去：“你干吗呢，怎么不说话啊，把不把我当回事啊？”这次又没有任何回应，此刻她内心发生了细微的变化，幼年时因为被母亲忽视而形成的对没有回应的恐惧和愤怒被激活，让原本并不强烈的生气迅速升级，小火星变成了不可控的怒火。她开始给乔明打电话，打通后立即发难：“你怎么回事啊，发信息也不回？你看见我信息了吗？看见了你为什么不赶紧回？”乔明开始还想解释，但之后说的话让晓黎更加恼怒：“我不是还没到宾馆呢，你这是不是有点儿小题大做了啊……”晓黎被忽视的恐惧和愤怒再一次被漠视，她说：“我怎么就小题大做了，你答应的事为什么做不到？”“咱们别说了好吗，你再说就是无理取闹了。”俩人就这样你一言我一语，因为这点儿芝麻小事莫名吵起来。晓黎本来把嗔怪当作一种调情，却没想到一来二去弄得真的愤怒起来。

之后晓黎压住了怒火，在乔明主动联系自己后，谁也没再提

这件事，但其实心里这个事并没有过去。在之前的几段感情中，类似的能激活晓黎强烈情绪反应的事也都很难轻易过去，她会拿出来反复说，她希望那种被忽视的感觉能被理解，但往往事与愿违。她越是说，前男友们越感觉她在“翻旧账、找茬”。她觉得乔明似乎比之前的男友都难把握，这个关系还不够牢靠，于是在乔明出差回来，俩人情绪都很好的时候，晓黎再次提起这件事，这次她是楚楚可怜的：“真的，你那样对我让我觉得我自己特别不重要……”乔明道了歉也安抚了几句，晓黎终于得到了自己期待的反应：“你以后不能这样对我了，弄得我那天多难受啊……”乔明松开抱着晓黎的手：“但我觉得你那天确实小题大做了，而且你这样搞得好像我说什么做什么都会影响到你的情绪，我不会觉得自己很重要，只会觉得自己非常累。”“你还说我是小题大做，你怎么一点儿都不在意我的感受……”于是，本来良好的气氛又开始恶化，几个回合之后晓黎开始委屈得哭起来，乔明有些烦躁，跟晓黎说我们都冷静一下吧，之后竟然无视晓黎哭红的眼睛，就离开了。

晓黎始料未及，从未遇到过这么冷漠无情的男人。她开始折磨自己，不吃饭不睡觉，拍哭得红肿的眼睛给乔明看，说自己头疼胃疼，乔明回复让黎晓好好照顾自己，就再没了下文。晓黎百分之百的确定乔明心里完全没有自己，完全不爱自己。她越是折腾，乔明不但没有心生怜惜，反而离自己越来越远。晓黎非常不甘心，她近乎发狂了，每天都想方设法联系乔明。最终乔明只回复了一段话给她：“可能在你看来，我很冷漠无情，但我觉得一个人首先得有能力关照好自己，才有能力爱别人，你对自己都这样折腾，我担心以后你对我也会随心所欲，我想我们先分开各自冷静一段时间吧。”于是他们的感情就这样草率地画了休止符。

分手后晓黎的反应让自己感到有些奇怪，晓黎感到崩溃，自己的确放不下乔明，但是不知道为什么，混杂在懊恼、惋惜、自责、愤怒里还有一种惨淡的快感。当我们捕捉到这个微弱的部分，并一起不断去体会这个快感来自什么的时候，她说好像就来自他最后发的这段话。

在我们回顾晓黎的童年经历时，晓黎讲述了很多母亲对待自己的方式，那些指责和贬低，自虐和操控，是那样的熟悉。

“妈妈用自虐的方式来控制你，你的感受是什么？”

“一方面可怜她，另一方面特别烦，我小时候最希望的就是她能自己照顾好自己的情绪，不要总是把我当垃圾桶……我觉得自己从特别小的时候就一直在照顾我妈妈，她非常神经质，非常脆弱。我还清楚地记得有一次我在幼儿园跟一个小男孩打起来了，把他脸给挠破了，其实是他先招惹的我，但老师放学的时候就跟我妈告状，我妈又给男孩家长道歉。她可能感觉特别没面子，一路上气呼呼地在前面快步走，头都不回，我就在后面一边哭一边跑着跟着她。我现在都记得那种特别害怕的感觉，我觉得

我妈不要我了。回到家她就直接把自己关到屋子里，然后我就想尽办法哄她，她一直冷着脸……就类似这样的事太多了，现在想想好像我才是妈妈，她是一个特别任性的不管不顾的孩子，我需要去负担她的情绪、哄她、帮助她从那种糟糕的感觉里出来。我要是不管她，她就不吃饭，肆意的闹情绪，各种作。每次她和我爸吵架也是，从来都是我拉架，我去哄我妈。邻居老说：看你们家晓黎跟个小大人似的。我自己也觉得自己比同龄人成熟得多。再大一些我就特别生我妈的气，对她也各种抱怨，那种恨铁不成钢的感觉，我也会贬低讽刺挖苦她，而且越大对她的怨恨就越明显。但是无论是照顾还是怨恨，我都觉得我跟我妈纠缠得特别深，我真的很想摆脱这种纠缠，我希望我能对我妈'冷漠'一些。乔明对我说的话，就是长期以来我想对我妈说的，终于有一个人替我说了。"

晓黎的身上复制着妈妈的关系模式，而这种关系模式，晓黎自己也深受其害，所以她自己本身就是矛盾的，她一边烦着妈妈，一边又不得不使用她唯一学会的方式去对待别人。而乔明的出现让晓黎有了新的经验。

"他的'冷漠无情'特别触动我"。作为女儿的晓黎，被没有边界感的妈妈操控，妈妈不断用自己的情绪搅扰晓黎，而晓黎毫无抵御能力，她无法和妈妈拉开一些距离，竖立起边界，阻止妈妈情绪的骚扰。当晓黎用妈妈对待自己的方式对待乔明，他的反应和自己不同，或许乔明并非有意为之，但的确更新了晓黎的体验。乔明并不接招，他很清晰晓黎的一些指责毫无道理，与他无关，即使他们之间有感情，他也并不想去背负晓黎的无理取闹。

晓黎和妈妈之间呈现了一种角色颠倒的状态，由于晓黎父母自身的脆弱性，他们没有能力为晓黎提供适切的符合父母角色的情感支持。在晓黎被小朋友欺负而打架，需要妈妈抚慰和指导的时候，妈妈从自己的母亲角色退出了，她退行到了一个被老师批评了、自尊被挫伤、需要被安抚的脆弱状态里，不但无法为晓黎提供任何自体客体功能，反过来还需要晓黎承担起调适她的情绪、缓解两人之间张力的功能。这样的角色颠倒让晓黎不得不放弃自己的需求，照顾母亲。然而晓黎自身的需要又会不断冒出来，随着年龄的增长，就变成了对母亲的怨恨。

在咨询刚刚开始的阶段，晓黎是这样描述自己和妈妈的关系的："我们非常亲密，我妈什么话都跟我说。"然而随着咨询的深入，她越来越看清楚了"亲密"的真相：她们之间并没有真正的情感链接，至少对于晓黎来说，她感受不到从母亲那里输送给自己的心理养分。晓黎为了"看起来很亲密"的感觉，用稚嫩的肩膀承担起了照顾妈妈情绪的责任。她从妈妈身上，学习到了如何用自虐、贬低等方式操控他人；在和父母的关系中，历练出了自己共情的能力、安抚的能力和操控的能力；同时，内心对被抛弃

被忽视的恐惧和怨恨，又让她在关系中没有安全感，一点儿迹象就会被引爆。

晓黎和几位男友建立的亲密关系，都像是她和母亲情感关系的重复，只是晓黎在某种程度上成了她的母亲，而男友们则像小时候的晓黎一样成了她的情感营养供给者，他们之间并没有深刻的双向的情感链接。在关系建立之初，晓黎通过迅速将调节自己情绪的责任放到男友们身上，黏人、依赖、楚楚可怜、非常需要对方，形成一种亲密的假象。而一旦感觉对方不愿承担这个角色，晓黎就会毫不犹豫地抛弃对方。但假如对方先离开自己，她又会被激活被抛弃的焦虑，通过自虐等被动攻击的方式试图挽回。而她选择的男生其实大多都和她有着相似的特质：共情能力高、自尊水平低，在关系中容易失去自我，很快就和晓黎纠缠在一起。只有乔明是个例外，也是这段感情带来的痛促使晓黎开始自我成长。经过4年多的咨询，晓黎对自己的情感关系模式有了深刻的觉察，自尊提高，自体也越来越稳健。在咨询中，她获得了一些矫正性的情感体验，更新了她的情感模式，这些新的情感模式会帮助她管理和减少她的脆弱性，让她有能力维系一段健康的、互相滋养的亲密关系。

咨询师的作用究竟是什么呢？咨询师其实更像是一个人成长改变的催化剂。我们在人生中摸爬滚打，也会成长、改变，也有可能摆脱原始家庭的影响、斩断心理问题的代际遗传、修复心理创伤等，但这需要很多因缘，也往往需要很长时间，而且可能付出很大的身体、心理、关系上的代价。心理咨询可以帮助我们缩短自我修复的时间、减轻成长的代价、减少改变过程中需要承受的痛苦。咨询是一次探索之旅、一场冒险之旅，咨询师和来访者是合作者，他们一起进入心灵深处，探索那些尚未觉察的部分，这个过程并不容易。心理创伤越是发生在生命早期、创伤越严重，修复所需的时间也就越长。

这是我做得极为艰难的一个个案，发生在我刚刚从事心理咨询不久。新手咨询师，收费很低，珍惜接手的每个个案，付给督导的费用是所收咨询费的五倍。

来访者在初访时就制造了很大的张力，在咨询过程中，她不断质疑我的能力，认为咨询没有任何帮助和用处，对我的表情、回应方式、说话的语气不断批评，没有什么能令她满意，就像她在生活中遇到的人与事一样。她不断地批评和指责，用冷暴力攻击我，就好像要在关系中“杀死”我一样，让我极为艰难的存活于咨询中。

我为此对自己做了很多心理建设：是的，我不够优秀，年龄小，阅历浅，又是新手，经验不足，但这个不足够好的自己，是否能和她一起工作呢？我是否在努力倾听，是否在尽可能的理解，是否在尝试着帮助她理解自己。我对这样的一个不那么优秀

的自己是否可以接纳。

我就像她的父母一样，在无法理解她时感到非常受挫，并努力防御这种受挫，而并不想承接来访者体验到的深深的失望和沮丧，因为这种失望和沮丧会让我质疑自己的能力，而作为一个新手咨询师，这个阶段的我是如此需要胜任力，这与我的自尊紧密相关。

当我理解到自己的这一点时，也理解到了来访者，包括她的父母。来访者的父母之所以不断批评指责来访者，也是在试图致那个不完美的、不够好的孩子于死地，同时将自己在教育时带来的挫败感扔给孩子：是你的问题，这不是我们的问题，我们仍然是好父母，问题出在你是个坏孩子。这个家庭的每个人似乎都在心灵深处发出共同的声音："假如我不够好，我是否仍然可以被接纳，是否能允许不够完美的对方有活力地存在着"。

有了这样的理解之后，我们的工作变得更加顺利，我变得不再紧张地应对她扑面而来的攻击，她的指责和批评有了更多的意义，有次在咨询中她的一些表达忽然让我有了一个联想，那是几句歌词"好不容易，走你走过的楼梯，玩你玩过的游戏，做你没做完的事……"，我说："好像你在用这样的方式让我体验你曾体验过的痛苦，我也用这样的方式走过你走的路，品尝你尝过的苦，我在这个过程中不断努力尝试，试图证明自己是胜任的、是好的，而那也是你一直以来努力在你父母面前试图证明的。你一方面不断试图击垮我，另一方面又很努力地希望我可以在我们的关系中存活下去，因为你所做一切的目的都是希望这些经历可以被人见证，你无法言说的痛苦可以被人理解……”

那一瞬间，我们终于相遇。

晓黎曾在咨询中感慨，假如能早一些开始咨询，或许不会在亲密关系中经历那么多的痛，自己很多耗散在纠纠缠缠中的心理能量可以用来做更有创造力的事情。假如你持续较长时间被冷暴力伤害或自己也很容易在亲密关系中使用冷暴力，可以选择用心理咨询的方式来进行个人成长。心理咨询可以帮助我们看到那些暗中影响着我们的情感关系模式，帮助我们减轻成长的代价。

04 学会用述情的方式表达需要

我们在第四章里讨论过冷暴力是一种攻击行为，在亲密关系中，它常常是一个人自体客体体验失败后的愤怒的表达。即使是在非亲密关系中的冷暴力，比如那些在职场或校园里伤害他人的，如果进入他们的情感世界，也会找到大量自体客体体验失败的经历，虽然这些挫败大多并不是由他们伤害的那些人带来的。

想想我们每次发火的时候，怒气的背后常常隐藏着自己未被满足的需要，然而愤怒却往往让事情更糟糕。我们可以尝试用述情的方式来表达自己的需要，减少关系中的张力，增加自己需要被满足的可能性。

述情的表达方式包括以下三个部分：第一部分是陈述事实，第二部分是分享感受，第三部分是表达需要。

我们再来看看《中国剩女》中的母女对话。女儿希望妈妈能够不要控制自己，在自己的婚恋的事情上不要干涉自己。然而这段对话的结果却让双方都非常生气。

女儿：我从小，你一直就控制我，我从小到大我觉得好多事情我说不过你，我也反抗不了，就自己忍了，要不就自己特生气。（抽泣）有的时候我和我爸能聊到一块儿，我爸还挺关心我的想法的，我从小就觉得你跟我们俩的想法不一样，我们俩都特别害怕你（哭），真的，我和我爸我们俩都不愿意跟你吵，我们吵不过你，你知道吗。你不在，我和我爸在一起都挺和谐的，可好了，也不吵……

妈妈：那我说的都是不对的啊？

女儿：不是都是不对的，但很多事上你跟我们想法不一样，我们俩都挺理性的，我和我爸智商都比较高，我真觉得我和我爸脑子都比较聪明……

妈妈：聪明看用在哪儿哎……

女儿：我觉得我选的也不是都是特次的，特次的我也看不上，我又不是那种谁都能看得上的那种……

妈妈：嗯，你选的都行！

女儿：（抽泣）你都不尊重我们，你就是不尊重我们，我真的有时候就觉得我爸当初凭什么找你啊，我爸干吗要找你啊……

妈妈：你有意思吗，说这话？我们俩高价给你上幼儿园，上小学，上中学，我们俩培养你，完了，现在我们俩一无是处。

女儿：我没有说你们俩一无是处。

妈妈：你不要跟我说了，我不跟你说了（起身离开饭桌）。

（整个一个诉苦来了，好像有深仇大恨，我这个当母亲的就这样对待她，我给她买的房子、买的车，她一点儿面子都不给，给谁说都是把她给苦的啊……）

女儿：本来就是这样的，那我怎么长大的呀，我就是因为怕你……

妈妈：还怕我呢！你坐那说了半天，我一无所是，你还要把我说成什么样？你怕我什么了，你怕我，你找对象，我不让你找南京的，你非要找南京的，你怕我什么了……

女儿：南京人怎么了，南京人怎么了……

妈妈：成了？

女儿：你怎么知道成不了？

妈妈出门离开。

述情中的“陈述事实”是指仅表达事实，而不要使用“从来、总是、一直、永远、每次都”等以偏概全或夸大的词汇来增强语气或渲染情绪；也不要使用“我就知道、你肯定、你就是”等词汇去凭空的猜测或武断的判断对方的想法。

女儿说的“你一直就控制我”“你就是不尊重我们”等话，很容易激起妈妈的抵触情绪，让沟通难以继续。

述情中的“分享感受”是指不带批评和贬低的讲述自己的感受，不使用“都是因为你我才会”“要不是你我怎么会”等指责或贬低对方的句式。

女儿本想向妈妈表达自己心目中的妈妈的样子，但反复提到爸爸有多好，“你不在，我和我爸在一起都挺和谐的，可好了，也不吵……”“我真觉得我和我爸脑子都比较聪明”“我真的有时候就觉得我爸当初凭什么找你啊”等，这样的比较会让妈妈感觉到自己被贬低，自尊受到挫伤，无助于沟通进展。

述情中的“表达需要”指的是用“我希望”“你是否可以”“我会感觉更好些”等方式向对方提出自己的需要或可行的解决方案，不要使用“你应该”“你必须”等命令的语气。尽量表达喜欢的、希望的、期待的，而不要反复强调表达讨厌的。

女儿虽然希望妈妈尊重自己，但她并没有形成清晰的诉求，所以在表达需要的时候只是反复强调妈妈没有做到的部分，这听起来就只有抱怨和指责，而非表达需要。“我从小，你一直就控制我”“你都不尊重我们，你就是不尊重我们”等表达只会让妈妈感到自己正在被数落，而并不能让妈妈理解女儿到底需要什么。

现在让我们看看如果双方都使用述情的方式表达，女儿更多聚焦于自己的感受，减少一些指责；妈妈可以涵容女儿的指责，回应女儿的无力感、害怕及她的需要，这个对话可能发展成什么样子？

女儿：妈妈，其实我很喜欢那个南京的男孩，但是我知道可能你对他不满意，因为你跟我说了很多次他家境一般、又是外地人、各种条件不如我等。我听了以后感觉特别矛盾，一方面我在找男朋友这件事上很愿意听听你的意见，另一方面我也会担心如果我听了太多你的意见，会不会就失去了自己的判断。如果真是那样的话，我就会觉得我的恋爱婚姻似乎是由你控制的，而不是我自己……其实妈妈，我多少有些害怕把这些话告诉你，当我觉得我的想法跟你不一样的时候，我就会感觉有些害怕……

（女儿陈述事实，用非指责性语言表达感受。）

妈妈：我都没意识到跟你说这些意见会让你觉得我在控制你，也没想到过你会害怕我，一般什么时候你会这么想？

（妈妈没否认女儿的感觉，而是问问女儿在什么情况下有这样的感觉，让女儿能对自己敞开心扉。）

女儿：就像这个南京的男孩，包括以前的，就是我比较喜欢的男生，你觉得特不好的时候，我就会觉得你老想替我做主。我也知道你也是担心我选错人，是为我着想，但我还是希望自己的事自己能更多地做主。我觉得我选的也不都是特次的，特次的我也看不上，我又不是谁都能看得上的那种……

（女儿也尝试站在妈妈的角度，理解妈妈为什么总是干涉自己，同时清晰地告诉妈妈自己想自己做主的愿望。）

妈妈：嗯，我也知道我闺女是有眼光的。

（妈妈看到女儿渴望独立和认可的需要，去肯定而不是贬低女儿。）

女儿：是呀，您这么说，我就会觉得您特别尊重我，我喜欢您这么开放地听我说我的想法，这样我反而更愿意跟您聊这些事，跟您商量……毕竟我是您闺女啊，您看您眼光多好，选了我爸对吧，您得相信我，我选的不会差到哪儿去的。

（女儿也给妈妈以积极回应，同时夸夸妈妈，满足妈妈的自尊需要。）

妈妈：那倒是（笑了）。

当然，这样的对话是比较理想的状态。我们在实际使用述情的时候，常常感觉很不容易。因为述情的表达需要我们能保持冷静，不被对方的情绪牵引走，能将自己的感受语言化，能清晰知道自己的诉求。“功夫在诗外”，这每一点的背后都需要平时做很多的努力，才让我们在那时那刻，能够用述情的方式表达自己。我们或者很容易认同对方的投射，情绪瞬间就跟着对方走了；我们也可能对自己内在的感受很不敏感，自己都说不清楚自己怎么了；我们也可能从未真正被允许活成自己，所以对到底想要什么，希望别人怎么对待自己，也是茫然的。如果是这样的话，即使我们知道述情的表达方式，我们依然会在互动的时候稀里糊涂的卷入冲突。

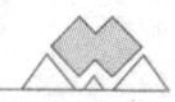

事实上，很多冲突不可避免。爱、恨、害怕、担心、羞耻……所有我们挣扎的、期望的、需要的、恐惧的，都是进入我们内心世界的入口。不要让每一次冲突白白过去，冲突过后，记得问问自己：事实是什么？我的感受是什么？我的需要是什么？然后在下一次的时候尝试着用述情的方式表达出来。刚开始的时候，你会感觉自己都不会说话了，但慢慢地，会越来越熟练。

05 增强自我情绪调节能力

调节情绪，从锻炼身体开始

管理好自己的情绪，就能避免将消化不了的情绪投射出去，变成伤害他人的冷暴力；也能让我们面对冷暴力时，能有效处理、降低伤害。

大家都有这样的体验，假如今天身体不舒服，情绪也会跟着变得抑郁低落或烦躁不安；情绪不稳定的时候，可能也会吃不下、睡不着。我们反复强调，身体健康与心理健康之间互相影响、密不可分。锻炼身体能明显改善心理健康水平，已被众多研究所证明，我们在日常生活中也可以验证。锻炼身体不但能有效缓解精神压力，而且对焦虑、抑郁等症状的改善都有积极作用。一些精神科医生或心理咨询师也会要求患者在进行心理治疗的同时加强身体锻炼。

锻炼身体之所以能促进精神健康主要是因为以下几点：

第一，运动能直接作用于身体，促进脏腑、神经及内分泌功

能的改善与提高。运动能够调节影响人情绪的肾上腺素、多巴胺、五羟色胺等神经递质的比值，从而有效缓解精神压力、改善精神状态。有研究表明，每周3~5次，每次45~60分钟的技巧类有氧运动，比如羽毛球、网球、踢毽子、跳绳、跳操等，能有效改善焦虑、抑郁等多种精神类问题。

第二，运动能够改变外貌及形体，能让人在达成目标时获得成就感和效能感，进而增强自尊，稳固自体。

第三，运动能促进人自控力的发展，形成坚韧的意志品质，增强耐受焦虑、抗压的能力。

第四，运动为社交提供机会。运动时人更少防御，更能真诚待人；运动能促进人际合作、团队精神；运动能通过比赛竞争，合理合法释放人际间的攻击性。

总之，稳健的自体离不开健康充满活力的身体，应对冷暴力时才能更有力量。强壮的体魄，是我们承受压力的能量基础，也是我们自体稳定统整的物质保证。

长期承受冷暴力对身体会有影响，反过来说，因为身体寒凝、淤血、肝郁、气滞等问题，人也比较容易情绪失控，对他人施加冷暴力。

我们以胃病为例讲下这个问题。

教师群体是胃病多发人群。教师工作的压力众所周知，备课、上课、批改作业、关心学生成长、了解学生生活、开例会、写总结、与家长沟通，还要应付各类检查、职称考核、深造学习等，每天都有干不完的活儿，很多教师们都有力不从心的感觉。中国教育报的一项两万余名教师参与的调查显示：51%的教师认为自己的身体处于亚健康状态，51%的教师认为自己的心理常常感觉到有压力，43%的教师认为自己心理不健康，20%的教师说自己没有时间和精力应对已经发生的身心健康问题，只能硬扛着。中小学教师的强迫症状、焦虑程度、人际敏感、忧郁现象及偏执倾向都比一般人群要高，普遍存在着教学负担过重、情绪失调的现象，是身心问题的高发人群。

北大徐凯文副教授在做报告时谈到，在他所干预过的出现自杀危机的学生中，父母职业是教师的比例最高，尤其是中小学教师。他给出了一张“自杀危机学生父母职业分布图”，在调查的一共76名家长中，教师、医护、公务员位列前三。教师以29名远远超出位列第二的7名医护人员。这29个教师中，27个是中小学老师、2位大学教师。

在教师的高发疾病中，咽炎、颈椎病、静脉曲张和胃病都排在前面。其中咽炎、颈椎病和静脉曲张都是因为教师工作的一些特殊性质，比如说话多、常伏案、常站立造成的。而胃病则和人的心理、情绪关系最大。教师是个非常操心的工作，由于长期脑

力劳动、精神紧张、工作压力大，教师患消化系统疾病的特别多。有数据显示，教师的胃病患病率为15%~25%，也就是4~6个教师中就有1个有胃病。

“学高为人师，身正为人范”，愿意选择从事教师职业的人，对自己是有一定要求的，会比较求上进，喜欢思考，有很强的道德感，比较自律，这些品质也正是社会之所以特别尊重教师群体的原因。但是这些特质，若走向极端，就很有可能变成力求完美、强迫、争强好胜、思虑过重，也是胃病的性格基础。

为什么容易有胃病呢？因为胃肠道是最能表现情绪的器官之一。胃肠道普遍受植物神经系统支配，而植物神经的特点就是不受意识控制，而会受情绪的影响。比如你不能用意识让心跳加快，但是一生气一紧张，心跳立刻会加快。人心情不好就会觉得胃里堵得慌，吃不下东西。追求完美，严格要求自己的人，心理上往往就会有更多压力、焦虑、委屈等，胃就会出现各种问题。反过来讲，如果一个人本来有很严重的胃病，胃承纳的功能比较差，那么，当面临同样的压力、焦虑和委屈的时候，就会比没有胃病的人承受力要差，在心理问题上表现得就会更强烈，进而陷入“脏腑功能弱—无法消化情绪—情绪向外投射，影响人际关系及社会功能—加重负面情绪—伤害身体，脏腑功能进一步变弱—更难耐受情绪”的恶性循环中。

脾胃是人的后天之本，人的言语和行动，都是依靠胃气的存在而存在。胃气不足，就会语音低微行动迟缓，人就没有神。生理的行动可以迟缓，心理的转换一样也会迟缓。所以胃气不足的人，通常情绪枢转的能力比较差，难以从坏的情绪中解脱出来，念头也容易僵化，人的思维会变得特别狭窄，掉进情绪的旋涡。没有中土的滋养，肝木就无法条达，人会更容易生气，难以控制情绪。时常爆发的恶劣情绪反过来再加重胃病，就这样恶性循环。想终结这样的循环，要先从身心治疗开始。

刘某是一名幼儿园老师，她在一年多的时间里，对班里的多名儿童有不同程度的打骂。事件曝光后，刘某很快被警方带走。

当时有记者采访了这位老师的同事及涉事班级的家长，试图还原她的一个真面目。心理专家从一些迹象发现这位老师在人格上存在着两面性："在有些时候，她在学生面前是一个温柔的老师，但在有些时候，她却体现出声音尖锐、脾气暴躁、动作粗鲁的一面，这说明该老师管理情绪的能力比较差。"

在打孩子事件被曝光之前，在其他老师和大部分家长的眼里，这位老师是一位"很专业""把心血和热情，都放在了幼儿教育上""坚持带病上课""对每个孩子都很细心""挺认真负责""经常主动跟家长沟通"的一位老师。

"我们通过监控录像，和其他一些渠道对该老师的了解，发现这个老师管理情绪的能力较差，而人格方面又希望追求完美。"

具有追求完美性格的人，对自己设定的目标非常执拗地想要达成，做事希望能得到别人的赞扬和肯定，非常在乎面子。因此，她会在能被人看到的工作上的事情上很用心、很注意，力求不让别人说出不好来，这是她最消耗心理能量的地方。而一旦她的面子没能保住，就会非常焦躁，向内就是懊恼、悔恨、给自己的压力，最终导致严重的情绪失调；向外就是情绪失控、宣泄。而这种失控后的宣泄必然指向比自己弱势的人，也就是孩子们。

在报道中，我留意到了一个很重要的细节，刘某患有严重的胃病，近几个月，胃病严重发作，一直在带病坚持工作。

这是一例身心疾病的典型案例：由于性格基础造成严重胃病，由于胃病长期失治导致情绪失调，由于情绪失调又加重胃病。情绪与疾病长期互相影响，最终导致身心严重失调，无法自控情绪和行为。

所谓情绪管理能力很差，其实就是她自我承纳的功能已经不行了，已经很难自己调节好情绪，有一点儿情绪立刻就会溢出来，几乎无法耐受一点儿焦虑。比如别人没有按自己的愿望或想法去做，她是无法消化这个焦虑的。从曝光的录像和她同事对事件的叙述可以看出，她对孩子“必须按自己的愿望或想法行事”和自己“表现得好”近乎执拗。她很难承受“做得不好”带给自己的羞耻感、无能感。她对工作尽职尽责，生病了还能为孩子们付出，努力地想胜任自己的工作，非常渴望得到认可。但是或许由于她自己的成长环境中，没有人对她的努力给予过镜映和肯定，因此她缺乏自我肯定的能力，无法在细微之处肯定自己，看不到自己已经取得的成绩，而是对自己非常苛责，又无法消化这种自责，积累到一定程度后，很容易因为一点点儿小事上的受挫就出现自尊受伤后的暴怒，并将这种暴怒发泄到孩子们身上。因为孩子们没有按自己设想的“表现得好”，没有站齐，就对孩子们大发脾气，任意发泄情绪，就好像很任性的撒泼的孩子一样。

所谓“任性”，就是凡事不顾及别人，也不遵从客观条件，一意孤行，唯自己主观意愿行事。但是，现实生活是不会顺从某人的意志的。你有自己的意志，别人也有。当别人不按自己的意志行事，如果对方很强大，自己无法左右，就会沮丧抑郁；假如对方很弱小，自己可以左右，就会生气发怒。

无论是生气还是沮丧，这些负面情绪都会伤害到胃。不顾及别人感受和客观情况，只有主观意愿的人，就像是不管口袋的实际承受限度，一味往里装东西，这个口袋岂能不坏呢？

所以说，刘某除了要受到社会谴责、法律制裁、行业处罚之外，其实最应该接受的是身心治疗。她能有这样的行为，有着很深的生理心理基础，只有治疗好胃病，并从根本上帮助她提高自尊水平，建立良好的自我认知，拥有健康的自尊，学会调节情绪，她才有可能在未来拥有更高质量和效能的工作和生活。

除了胃病，肝阳上亢造成的烦躁易怒；肝气郁结造成的悲忧善虑；下焦体寒、淤血造成的性冷淡；肺气阻滞造成的颓丧懊恼；心血不足、邪热扰心、痰蒙心窍造成的神志异常等，都可能陷入“脏腑功能弱—无法消化情绪—情绪向外投射，影响人际关系及社会功能—加重负面情绪—伤害身体，脏腑功能进一步变弱—更难耐受情绪”的恶性循环中。所以如果感觉长期无法自我调节情绪，一有负面情绪就容易深陷其中，或者呈现一段时间情绪高涨、一段时间情绪低落的状态，可以在进行心理治疗的同时进行身体调理，身心同治，效果最好。

适度的、不自伤的“忍”才健康

谈到情绪的自我调节，很多人会有一种误解，觉得一个人特别能“忍”就是具有良好的自我情绪调节能力。我们的文化也会赋予“忍”很高的境界，认为“忍”可以砥砺品格、增长智慧。

比较稳定统整的自体的确会有着更强的抗压能力和自我情绪净化功能。浩瀚而充满活力的自体之海能承载压力的巨轮，但如果只是一个小池塘呢？强行去“忍”，去承载，就可能出问题。

在《情感冷暴力调查问卷》中，“面对冷暴力，您一般的解决办法是”问题下，有35.7%的男性和20.4%的女性选择了“忍受，没有太多办法”。

我曾接待过一位中年女性来访者，她脸色晦暗，眼圈发黑，鼻梁处长了很多斑，说话时，能闻到较重的口气。来访者有慢性肝病，自己觉得身体状况跟性格和家庭氛围有关，知道我擅长身心疗愈，所以来咨询，希望能有所调整。

来访者和爱人之间经常吵架，爱人脾气上来就会大吼，面对爱人的冷暴力，来访者基本以沉默回击："不是说怒伤肝吗，我从来不像他那样大吼大叫，我都不发火儿的，遇着事都是忍，觉得忍一忍就过去了，不过心里确实是不舒服的。"

这位来访者显然错误地理解了"怒伤肝"的意思。

"怒"即奴心，是心被支配、被役使、被压迫的感觉，那种心里就像堵住一样的难受、想要发泄的感觉叫作怒。真正伤肝的不是发出火儿来，而是奴心——受挫、压抑、憋屈、冤枉、窝囊等那种不舒畅的感觉。

因此我们的文字里有"恼羞成怒""怨怒""惭怒""嫉怒""赧怒""愧怒"等词指出了形成"怒"这种感觉的各种成因；"发怒""怒放"等词就是在描绘"怒"那种憋的力量被疏泄的过程；"激怒""触怒""动怒"等词则形容怒的感受形成后未能疏泄，而被搅动的过程；"暴怒""盛怒""狂怒""勃然大怒"则描绘的是"怒"被强烈扰动后的巨大反弹；"息怒"则表达的是怒气平息的过程。

肝主怒，喜条达、通畅，怒其实是一股勃勃的生命力。肝厌恶抑郁、压制，"忍"是肝所不喜的，强忍就会抑制这种生命力

量的怒放，造成肝部的各种问题。

所以说，这位女性来访者有了怒的感觉，但未能很好地疏泄，只是用意识告诉自己“忍一忍就过去了”去勉强忍住，而脏腑并不听话，这“忍一忍”并没有过去，而造成了她肝部的问题。

那么有了怒气该怎么处理呢？既然“发”是比“忍”更好的选择，那所谓“发”是不是就是大吼大叫、发火呢？我们可能都有过类似的经验，火发出来有时是很痛快，但如果过火儿了，就可能浑身颤抖、心跳加速、浑身出汗，也是非常伤身体的。

那到底发还是不发呢？《中庸》里说“喜怒哀乐之未发谓之中，发而皆中节谓之和”，既已形成怒，就要发出，但要恰到好处的发出，以保持平和。而要想恰到好处的疏泄，就要理解是什么引发了怒。正如前面提到的“恼羞成怒”“怨怒”“惭怒”“嫉怒”“赧怒”“愧怒”等词描述的，很多情况下，怒其实是次级情绪，是因为没被理解、没被看到、没被回应、没被共情之后产生的次级情绪，那个初级的情绪往往是比较脆弱的，比如伤心、难过、失落、羞耻。嫉妒、惭愧等。

比如丈夫因妻子出轨引发的暴怒，核心的情绪可能是极度的伤心、绝望和羞耻感。要让他的这个怒最终真正的疏泄出来，绝不是暴打情敌、怒斥妻子或发誓自己找个新欢过个好日子给她看看就可以完结的，这些举动往往仍会让怒气持续，即使离婚多年还是会如鲠在喉，始终记在心里不能平静。

要让这个怒终得疏泄，他需要真正面对自己内心的脆弱，那种被抛弃、被背叛的痛苦和羞耻感，面对自己的无能感、无力感，把形成的憋屈的怒哭出来，才有可能最终彻底放下。《素问·阴阳应象大论》中所说："怒伤肝，悲胜怒"，讲的就是这个道理。哀悼可以让怒气平复、和解。

所以面对怒，无论是用某种逻辑或信念或道德支撑去强忍，还是一味顺应情绪去激化，都无法让怒真正平息，唯有哀悼的过程，才符合脏腑功能的自然规律，可以化解。

上述女性患者，经过一段时间的心理治疗，我们一起理解了其内心深处的脆弱，她将一些深埋的怨恨都说了出来、哭了出来，哀悼了一些未完成的情结之后，她的身心状态焕然一新，并且因自己内部情感得到了协调，外部人际关系也随之改善，生命质量得到了提升。她对自己的怒气也有了"忍"以外的处理办法，比如觉察和面对自己内心真正的需要，学会接纳并直接表达自己的需求，不再因强忍而伤到自己。

那么不伤到自己的"忍"能否实现呢?

自体心理学创始人科胡特曾经接手过一位比较严重的人格障碍患者，患者对科胡特产生了很大的移情，他将自己对家庭成员的反感投射到了科胡特身上，在背后四处说科胡特的坏话，诋毁他的名誉。而科胡特有能力看清患者的心理状态，也明白治疗中

所发生的一切，因此他对患者的诋毁采取了容忍的态度，一如既往地继续关注和包容这位患者，共情患者内心的痛苦。这容忍一下就持续了几年的时间。终于在科胡特令人尊敬的职业素养和人格魅力影响下，患者的人格障碍在持续的治疗中被修复。当他主动跟科胡特提到自己这些年做的事时，科胡特只淡淡回应道：那是你需要的呀。

科胡特之所以能做到忍，是基于深度的共情。他可以进入患者内心世界，理解到患者自己都无法言说的情感动力。因此，科胡特的忍是清晰地知道对方发生了什么、自己在做什么的忍，是共情的忍，不是勉强为之的。

还有一个关于“忍”的经典故事。

日本有一位白隐禅师，因德行很高，深受百姓爱戴。

白隐禅师所在的寺院附近住着一户人家，家中有个女儿。忽然有一天，夫妻俩发现女儿竟然怀孕了，未婚而孕是道德败坏、极为羞耻的事情，他们非常生气，质问女儿孩子的父亲是谁。威逼之下，女儿终于说出了“白隐”两个字。

这对夫妇怒不可遏，到寺院将白隐禅师狠狠地痛骂了一番。白隐禅师听了只是淡淡地说：“是这样吗。”

等孩子生下来后，他们就把孩子带给白隐禅师说：“你是孩子的父亲，就由你来抚养他。”这件丑闻迅速传遍了乡镇，给白隐禅师造成了很坏的影响，他名声扫地，没有人再来拜见他。

但白隐禅师只是细心地照顾好孩子，为孩子四处乞求食物。他所到之处都遭到辱骂：“看，这就是那个不正经的和尚。”但白隐泰然处之。

终于，孩子的妈妈受不了良心的谴责，向父母吐露了真情：孩子的生父另有其人。这对夫妇感到羞愧难当，连忙跑到寺院向白隐禅师赔罪，要求带走孩子，为他挽回声誉。

白隐禅师听了以后，把孩子交还给他们，仍只是淡淡地说：“是这样吗。”

修行人难行能行、难忍能忍，甚至会喜悦有机会可以忍辱以破除我执。白隐禅师不愿伤及女孩和孩子而安忍于诋毁，是慈悲的忍。

唐代有位九世同堂的张公艺，合家九百余人，团聚一起，和睦相处，世人羡慕不已。唐高宗问他治家秘诀是什么？张公艺回答：“老夫自幼接受家训，慈爱宽仁，无殊能，仅诚意待人，一‘忍’字而已。”然后写下一百个“忍”字为高宗奉上，高宗大为赞叹。

正德修身，礼让齐家，是以父慈子孝，兄友弟和，夫正妇顺，张公艺的忍是仁爱的忍。

共情、慈悲、仁爱，因为具有更宽的视角、更高的境界和更广阔的胸怀所以能海纳天下，这样自体稳定强健的“忍”才能不伤及自身。

苏轼在《留侯论》里赞叹张良之勇时描述过这种自体稳定强健的状态："古之所谓豪杰之士，必有过人之节。人情有所不能忍者，匹夫见辱，拔剑而起，挺身而斗，此不足为勇也。天下有大勇者，猝然临之而不惊，无故加之而不怒，此其所挟持者甚大，而其志甚远也。"

远离冷暴力的核心方法是理解

与情绪管理相关的心理学理论中，由美国心理学家埃利斯创建的情绪ABC理论非常知名也很实用。该理论认为激发事件A(activating event）只是引发情绪和行为后果C(consequence）的间接原因，个体因内部信念B(belief）对激发事件A产生的认知和评价，才是引起C的直接原因。换句话说，发生了什么事，并不能直接导致我们的情绪或行为，我们怎么去看待这件事才会导致我们有什么样的情绪或行为。所以情绪管理的核心关键就是管理B，即信念的部分。

"信念"的内涵其实非常丰富，我们可以称之为一个过滤系统。这个过滤系统包括了我们对自己的感知和理解；对他人的感知和理解；我们的心理防御机制；我们自身的情感组织原则等。在经过由以上诸多因素组成的过滤系统之后，我们才会对激发事件产生相应的反应。

我在开篇曾提到过几位去学习沟通方法的朋友，他们感觉学到的方法的确是好方法，但解决不了根本问题。有朋友就指出这些方法虽然有用，但只是一种工具，而很多关系问题不是在工具层面能解决的，朋友学习的沟通方法其实更多是在行为上做功。并不是说没有用处，但假如信念系统不发生根本改变，直接改变情绪和行为会非常困难。想象一下，我们明明很生气但硬要忍着不发火好好说话时的样子，对方仍然可以从非言语中捕捉到我们的真实感受。即使这样的努力会让关系在某些点上有所改变，但在大方向的把握上仍然会不得要领，就像朋友体验到的那样。这也就是为什么本书的大量篇幅都花在如何理解冷暴力施虐者和受虐者的内心世界上，也就是讨论信念系统的部分。当我们能够深刻地理解自己和对方，我们对敌意的敏感度就会下降，那些本来并无敌意的言行不再被体验为冷暴力，双方都感觉在关系中更加轻松。当我们能够深刻地理解自己和对方，非暴力的言行也会很自然地流淌出来。哪怕不善言辞，不带敌意的沉默陪伴、充满爱意的关切眼神、有力而温暖的拥抱或一杯热过的牛奶都能替我们传递和表达爱和关怀，并不一定要通过某些刻板而生涩的沟通套话。唯有理解才能让我们的心灵相遇，放松而自然地爱和被爱。

远离冷暴力的关键是理解。我们再来总结一下。

第一章讲了如何识别冷暴力。无论是冷暴力的施虐者还是受虐者，要想远离冷暴力，需要先对自己发生了什么有所感知和觉察。“识别”既包括识别冷暴力的表现形式，也包括识别冷暴力

的行为结果。冷暴力在各种人际关系中广泛存在，无论是亲密关系中，还是校园和职场。近年还有一种网络冷暴力，在施虐主体、施虐方式、施虐原因、造成影响和解决办法上都与上述亲密关系、校园和职场冷暴力不同，在此暂不论述。常对他人施与冷暴力的人几乎都有被冷暴力对待过的经历，他们也曾是受虐者。虽然对他们的理解不代表允许或包容他们的行为，但理解却能让受虐者更好把握施虐者的心理状态，知道该如何应对或影响他们。冷暴力施虐者在学习如何识别的过程中，或许能从字里行间获得对自身体验的共情和理解，这也是一种自体客体体验，这些理解将有助于改变的发生。

第二章讨论了冷暴力常见的实施方式，主要有投射、被动攻击和否认三大类，侧重在识别冷暴力的过程是怎样发生的，施虐者有着什么样的信念系统引发了哪些行动。冷暴力看起来是一种攻击，其实更是一种防御。施虐者通过各种防御机制来保护内心脆弱、羞耻、痛苦的部分，但在他人那里，很可能感受到的就是攻击。

第三章讨论了冷暴力为什么会伤人和怎么伤到人，深入解读受虐者的信念系统，即言行是怎么通过受虐者的信念系统过滤后，被其体验为冷暴力的。假如受虐者有着较低的自尊、不够稳固的自体和匮乏滋养的自体客体环境，就很容易被冷暴力击中。冷暴力对精神、身体、自尊和人的情感关系模式都有负性影响，并会在代际中遗传。

第四章讨论了为什么会有冷暴力，深入解读施虐者的信念系统。冷暴力是一种攻击行为，经常出现在自体客体体验失败后和对他人感知出现偏差时。冷暴力都是在关系互动中才出现的，受虐者对施虐者的信念系统理解得越深，越能看透施虐者的内心世界，从而有力量离开一段纠缠的关系；或能接住对方冷暴力的冲击而免受伤害；或能有针对性的制定应对策略，比如增强关系中的自体客体体验，进而影响和改变关系的状态。受虐者因理解可以变被动为主动。施虐者通过对自己信念系统的理解，能更清楚冷暴力背后潜藏的脆弱与需要，也会知道用冷暴力的方式永远不可能让这些需要得到满足，带给他人自体客体挫败体验只会让自己被同样对待。只有接纳自己的脆弱与柔软，而不是用刺去扎别人，才有可能在关系中找到双方都舒适的平衡点，获得适度的满足。

总之，在亲密关系中，远离冷暴力的核心方法是理解：深刻地理解自己，深刻地理解对方，深刻地理解冷暴力的发生原因、过程及后果。多一分理解，就多一分力量；多一分理解，就多一分坚定；多一分理解，就少一分指责；多一分理解，就少一分贬低。彼此间的理解越多，伤害也就越少。当温暖的理解之光照亮彼此的心，冷暴力的冰自然会消融。